青少年

应该知道的化学知识

YING GAI ZHI DAO DE

HUA XUE ZHI SHI

周春节　王蓓蕾　编著

酒的度数表示酒中乙醇的体积百分比，通常是以20℃时的体积比表示的，40度的烈性酒，表示在100毫升的酒中，含有乙醇50毫升（20℃）。

表示酒精含量也可以用重量比，重量比和体积比可以互相换算。西方国家常用proof表示酒精含量，规定200proof为酒精含量100%的酒，如100proof的酒则是含酒精50%。

啤酒的度数则不表示乙醇的含量，而是啤酒生产原料，即麦芽汁的浓度，以12度的啤酒为例，是麦芽汁发酵前浸出物的浓度为12%（重量比）。麦芽汁中的浸出物是多种成分的混合物，以麦芽糖为主。

啤酒的酒精是由麦芽糖转化而来的，由此可知，酒精度低于12度。如常见的浅色啤酒，酒精含量为3.3%～3.8%；浓色啤酒酒精含量为4%～5%。

葡萄酒和黄酒，常常分为干型酒和甜型酒，在酒到业中，用"干（dry）"表示酒中含糖量低，输大部分转化成了酒精。还有一种"半干酒"，所含的糖比"干酒"较高些。甜，说明酒中含糖量高，酒中的糖没有全部转化成酒精。此外还有半甜酒、浓甜酒。

酒精无需经过消化系统而被胃肠直接吸收，饮酒后几分钟，迅速扩散到全身。酒首先微血液带到肝脏，在肝脏过滤后，到达心脏，再到肺，从肺又返回到心脏，然后通过主动脉到静脉，再到达大脑和高级神经中枢。酒精对大脑和神经中枢的影响最大。人体本身也能合成少量的酒精，正常人的血液中会有0.003%的酒精。血液中酒精的致死剂量是0.7%。

酒精以不同的比例含在了各种酒中。它在人体内可以很快发生作用，改变人的情绪和行为。这是因为酒精在人体内不需要经过消化作用，就可直接扩散进入血液中，并分布至全身。酒精被吸收的过程则储在口腔中就开始了。到了胃部，还有少量酒精可直接被胃壁吸收。到了小肠后，本肠会很快地大量吸收。酒精吸收进入血液后，随血液流到各个器官，主要是分布在肝脏和大脑中。

酒精在体内的代谢过程，主要在肝脏中进行。少量酒精可在进入人体之后，马上经肺部呼吸或经汗腺挥发出体外，绝大部分酒精在肝脏中先转化为乙醛然到酶作用，生成乙醛，乙醛对人体有害，但它很快会在乙醛脱氢酶的作用下转化成乙酸。乙酸是酒精进入人体后产生的唯一有营养价值的物质，它可以提供人体需要的热量。酒精在人体内的代谢速率是有限度的，如果饮酒过量，酒精就会在体内器官，特别是在肝脏和大脑中积累，很甚至一定程度便出现酒精中毒症状。

如果在短时间内饮用大量酒，初始的酒精会像轻度镇静剂一样，使人兴奋、减轻抑郁程度。这是因为酒精压抑了某些大脑中枢的活动，这些中枢在平时对极兴奋行为起抑制作用。这个阶段不会维持很久，接下来，大部分人会变得安静、优郁、抑郁，直到不省人事，严重时甚。

云南大学出版社

图书在版编目（CIP）数据

青少年应该知道的化学知识/周春节编著. ——昆明：云南大学出版社，2010
ISBN 978 - 7 - 5482 - 0134 - 2

Ⅰ.①青…　Ⅱ.①周…　Ⅲ.①化学 - 青少年读物　Ⅳ.①06 - 49

中国版本图书馆 CIP 数据核字（2010）第 105363 号

青少年应该知道的化学知识

周春节　　编著

责任编辑：于　学
封面设计：五洲恒源设计
出版发行：云南大学出版社
印　　装：北京市业和印务有限公司

开　　本：710mm×1000mm　1/16
印　　张：15
字　　数：200 千
版　　次：2010 年 6 月第 1 版
印　　次：2010 年 6 月第 1 次印刷
书　　号：978 - 7 - 5482 - 0134 - 2
定　　价：28.00 元

地　　址：云南省昆明市翠湖北路 2 号云南大学英华园
邮　　编：650091
电　　话：0871 - 5033244　5031071
网　　址：http：//www.ynup.com
E - mail：market@ynup.com

序　言

　　化学来源于生活，生活中处处有化学。社会生活中的化学问题，学生熟悉的生活情景和已有的生活经验都是学习的素材，从丰富、生动的现实生活中寻找学习主题，要求学生了解化学与生活、化学与技术、化学与健康、化学与生产、化学与环境的密切关系，使学生逐步认识和感受化学对日常生活和社会发展的重要影响。

　　为使学生"有参与化学科技活动的热情，有将化学知识应用与生产、生活实践的意识，能够对与化学有关的社会和生活问题做出合理的判断。"？所以我应该从学生已有的生活经验出发，让多姿多彩的生活实际成为化学知识的源头。让学生始终保持对生活和自然界中化学现象的好奇心和求知欲，提高对化学知识的兴趣，了解化学奥妙。

　　化学与生活——捕捉生活现象，引入化学问题

　　化学与技术——运用化学知识，解决生活问题

　　化学与健康——了解化学原理，保障健康问题

　　化学与生产——参与生活实践，认识化学问题

　　化学与环境——创设生活情境，感受化学问题

　　现实的、有趣的、具有挑战性的问题情境，容易激活学生已有的生活经验和化学知识，激发学生学习的愿望。"实践出真知"，实践是学生学习的重要环

节，是知识理解的延伸与升华。通过这些实验和调查活动，运用化学原理积极展开思维，逐步提高分析问题和解决问题的能力。学生去亲自体验，在实践活动中学生就理解了知识，掌握了知识。

《青少你需要知道的化学知识》使学生"正确认识科学、技术与社会的相互关系，能运用所学知识解释生产、生活中的化学现象，解决与化学有关的一些实际问题，初步树立社会可持续发展的思想。"努力从化学的视角去展示社会的可持续发展，培养学生对自然和社会的责任感，用科学、技术、社会相联系的观点引导学生认识材料、能源、健康、环境与化学的关系，逐步培养学生形成综合的科学观和对有关的社会问题作出判断决策的能力。一方面要让学生结合自身的生活经验和已有的认知水平，围绕问题的解决，逐步把生活知识化学化，让学生在生活的实际情境中体验化学问题；另一方面，又要让学生能把所学到的化学知识自觉地运用到各种具体的生活实际问题中，实现化学知识生活化，从而提高学生化学素养。

因此，学生的学习不能只停留在掌握某些知识，而应着力于培养能力，为终身发展打下基础。通过化学学习，学生走进服装商场知道怎样鉴别"真丝"与"人造丝"，不同衣料的优缺点、洗涤和熨烫注意问题；走进珠宝店能鉴别真假金银、常见宝石的主要成分及如何保养；居家装修懂得如何选购绿色材料，居家饮食知道如何平衡膳食、食品中的防腐剂和添加剂的利与弊等。

《青少你需要知道的化学知识》努力把课本知识鲜活起来，把学校小课堂与社会大课堂联系起来，使学生课内所学、课外有用；课外见闻，课内升华。在这样的内外交流过程，课堂变大了，提高了学生对知识的理解，培养学生的科学情感，促使学生创新意识与实践能力等发展性目标的达成，促进学生的主动发展，体验化学的应用价值。

目　录

第一章　化学与生活

第一节　笔中的化学

"信手拈来世已惊，三江滚滚笔头倾"，出自北宋著名的书画家苏东坡，它展现出笔锋纵横、笔触万机的画面。我国古代，在文房四宝中，"笔"居首位，也突出了笔的重要性。现今社会中笔更具有重要的现实意义，其实，各种笔都展现着化学知识，下面我们就去了解一下吧：

一、铅笔

常见的铅笔有两种，一是用木材固定铅笔芯的铅笔；一是把铅笔芯装入细长塑料管的自动铅笔。不管是怎样的铅笔其核心部分就是铅笔芯。铅笔芯是由石墨掺合一定比例的粘土制成的，当掺入粘土较多时铅笔芯硬度增大，笔上标有Hard的首写字母H。反之则石墨的比例增大，硬度减小，黑色增强，笔上标有Black的

首写字母B。儿童学习、写字适用软硬适中的HB标号铅笔,绘图常用6H铅笔,而2B、6B铅笔常用于画画。

二、钢笔

笔头用各含5%～10%的Cr、Ni合金组成的特种钢制成的笔。铬镍钢抗腐蚀性强,不易氧化,是一种不锈钢,在钢笔中一种是由笔头蘸墨水使用的叫蘸水钢笔;另一种是现在通用具有贮存墨水装置,写字时流到笔尖的自来水钢笔。钢笔的笔头是合金钢,钢笔头尖端是用机器轧出的便于使用的圆珠体。该种笔的抗腐蚀性能好,但耐磨性能欠佳。

三、金笔

金笔是用黄金的合金做笔头,用铱做笔尖制成的高级自来水笔。我国生产的金笔有两种,是含Au58.33%,Ag20.835%,Cu20.835%通常称之为14k;另一是含Au50%,A925%,Cu25%俗称五成金,亦称12 K。

金笔经久耐磨,书写流利、耐腐蚀性强、书写时弹性特别好,是一种很理想的硬笔。

四、铱金笔

铱金笔的笔头也是用不锈钢制成的,为了改变钢笔头的耐磨性能,故在笔头尖端点上铱金粒为区别钢笔而叫铱金笔。该笔既有较好的耐腐蚀性和弹性,还有经济耐用的特点,深受广大消费者欢迎。是我国自来水笔中产量最多、销售最广的笔。

五、圆珠笔

是用油墨配不同的颜料书写的一种笔。笔尖是个小钢珠,把小钢珠嵌人一个小圆柱体型铜制的笔头内,后连接装有油墨的塑料管,油墨随钢珠转动由四周流下。该笔比一般钢笔坚固耐用,但如果使用保管不当,往往写不出字来,这主要是因干固的墨油粘结在钢珠周围阻碍油墨流出的缘故。油墨是一种粘性油质,是用胡麻子油、合成松子油(主含萜烯醇类物质)、矿物油(分馏石油等矿物而得到的油质)、硬胶加入油烟等而调制成的。在使用圆珠笔时,不要在有油、有蜡的纸上写字，不然油、蜡嵌入钢珠沿边的铜碗内影响出油而写不出字来，还要避免笔的撞击、曝晒，不用时随手套好笔帽，以防止碰坏笔头、笔杆变型及笔芯漏油而污染物体。如遇天冷或久置未用。笔不出油时，可将笔头放入温水中浸泡片刻后再在纸上划动笔尖，即可写出字来。

六、毛笔

我国远在三千多年前的商代就使用毛笔写字绘画，是古老而生命力极其旺盛的笔。毛笔因制作笔头的原料不同分为羊毫和狼毫两种。羊毫笔真正用山羊毛制作的不多，大多是用兔毛制成的，狼毫则是用鼬鼠（俗称黄鼠狼）尾巴上的毛制作而成的。羊毫质软、弹性柔弱，适用于写浑厚丰满或潇洒磅礴的字。而狼毫质硬、弹性较强，适应写挺拔刚劲或秀丽齐整的中小楷字，新买的毛笔笔尖上有胶，应用清水把笔毛浸开，将胶质洗净再蘸墨写字。写完字后洗净余墨，把笔毫理得圆拢挺直，套好笔帽放进笔筒。暂不用的毛笔应置于阴凉通风处，最好在靠近笔毛处放置卫生精以防虫蛀。

七、粉笔

该笔是由硫酸钙的水合物（俗称生石膏）制成。也可加入各种颜料做成彩色粉笔。在制作过程中把生石膏加热到一定温度，使其部分脱水变成熟石膏，然后将热石膏加水搅拌成糊状，灌入模型凝固而成，

控制好温度，利用生、熟石膏的互变性还可制造模型，塑像以及医用的石膏绷带等。

八、电笔

电工的必需品，用于测量物体是否有电的一种笔。电笔的外型有的象钢笔、有的象圆珠笔、还有的象螺丝刀。不管外型如何其构造原理基本相同：其外壳多为塑料绝缘体，里面由金属导体、小灯泡和电阻丝组成。小灯泡中充有一种无色惰性气体——氖气在电场激发下能产生透射力很强的红光，当物体带电时，用电笔测试氖泡发红，否则氖泡不亮。

另外，用滑石制成的—石笔；用高碳脂肪酸、高碳一元脂肪醇和各种颜料配制成的—彩色蜡笔；蜡纸用笔—铁笔；签字、写字用的—签字笔、水笔、美工

笔；绘画用的一炭笔、水彩笔、绘画笔、油画笔、排笔；采用不同造型而制成的一太空笔、竹节笔、花瓶式笔等；笔壳用不同材料制成的一国漆笔，镀金、银笔，景泰蓝笔；以及美容化妆用的眉笔、眼线笔、唇笔等等。各种各样、形形色色、多姿多彩的笔不断地帮助人们学习知识、表达思想、促进交流、美化环境。

第二节　不怕海水的洗衣粉

什么样的洗涤剂在海水中不出"豆腐渣"，什么样的洗涤剂不用油脂做原料呢？

它们是以洗衣粉为代表的合成洗涤剂。一百多年前，有人偶然发现蓖麻油和硫酸作用后，得到一种"土耳其红油"。用它洗衣服，在海水里照样挺好使，不会生成叫人讨厌的"豆腐渣"。这件事启发了科学家，随着石油化学工业的发展，科学家们利用炼油副产品和苯、氯气、硫酸、氢氧化钠等为原料，用人工方法合成了上百种洗涤剂。

合成洗涤剂和肥皂一样，也具有"双重性格"——既亲油又亲水。但是，它没有肥皂的缺点，在各种水中都保持良好的去污能力，而且不需要使用宝贵的油脂作为原料了。如今，甚至肥皂的原料也改用由炼油副产品氧化得来的脂肪酸了，肥皂也可以改名为"合成肥皂"啦！

合成洗涤剂除了固体的洗衣粉，还有液体的洗洁精、洗净剂等。有些洗涤剂中添加了荧光增白剂，可以让白颜色的衣物更洁白，花色衣服的颜色更鲜艳；还有一些无泡或少泡洗涤剂，适合在洗衣机、洗碗机里使用。但是，洗涤剂洗不净衣服上的汗斑、奶渍和血迹。原因是，这些污渍里的蛋白质是大个的高分子，与纤维胶结得非常紧密，很难拆散。有一种叫做碱性蛋白酶的生物催化剂，它能"消化"顽固的蛋白质污垢，将大个的蛋白质分子拆开，变成能够溶解在水里的小分子。科学家把它掺在洗涤剂里，做成"加酶洗衣粉"，让洗衣粉增添了"消化"蛋白质污垢的本领，洗起衣服来去污效果特别好。不过，碱性蛋白酶需要适宜的温度才能大显身手。它在摄氏五十度时最活跃，"消化"蛋白质的能力

青少年应该知道的化学知识

最强，热到摄氏七八十度以上就失效了。因此，在加酶洗衣粉的说明书上特别标明："切忌用沸水冲溶！"

合成洗涤剂也有它的坏处！有很多洗涤剂含有磷，化肥中有一种磷肥。当生活中的污水到入江湖中时，使得水中的"化肥元素"多起来，这就使水中的各种藻类多起来，从而水中的氧气少了。鱼也就死了！这也是赤潮的危害！

第三节　炊具也要挑着用

随着现代工业的飞速发展，各式炊具是层出不穷，这些炊具在给人们带来方便的同时，也给人们的健康带来了新的隐患。对此，人们应根据所要烹调食物的性质，选择性地使用炊具、趋利除弊、免得损害家人的健康。

不锈钢炊具　因其美观耐用而备受人们青睐。它是由铁铬合金等微量元素制成的，一般认为，不锈钢具有较强的耐腐蚀作用，但若长期盛放酸性食物，不锈钢中的铬元素也会渗进食物，在人体内慢慢积蓄，致人中毒。因此不要用不锈钢炊具长时间存放酸性食物，也不宜用苏打漂白粉等化学物质来洗涤。切不可用不锈钢锅煎中药。因为中药含有多种生物碱，有机碱等成分，容易与不锈钢产生化学反应而使药物失效，甚至生成某些毒性更大的化合物。

铝锅　具有轻便、耐用、加热快、不生锈的优点。但不宜用来烧煮酸性或碱性食物，以及过咸的食物，否则，炊具中的铝会大量溶出污染食物。大量研究表明，铝摄入过多会加速人的衰老，而且，铝还是导致老年痴呆的祸根。现在厨房里的用具很多都是铝或铝合金的制品，锅、壶、铲、勺，几乎全是铝质的。但是，在一个世纪以前，铝的价格比黄金还高，被称为"银白色的金子"。

法国皇帝拿破仑三世珍藏着一套铝做的餐具，逢到盛大的国宴才拿出来炫耀一番。发现元素周期律的俄国化学家门捷列夫，曾经接受过英国皇家学会的崇高奖赏——一只铝杯。这些故事现在听起来，不免引人发笑。今天，铝是很便宜的金属。和铁相比，铝的传热本领强，又轻盈又美观。因此，铝是理想的制做炊具的材料。

有人以为铝不生锈。其实，铝是活泼的金属，它很容易和空气里的氧化合，生成一层透明的、薄薄的铝锈——三氧化二铝。不过，这层铝锈和疏松的铁锈不同，十分致密，好象皮肤一样保护内部不再被锈蚀。可是，这层铝锈薄膜既怕酸，又怕碱。所以，在铝锅里存放菜肴的时间不宜过长，不要用来盛放醋、酸梅汤、碱水和盐水等。表面粗糙的铝制品，大多是生铝。生铝是不纯净的铝，它和生铁一样，使劲一敲就碎。常见的铝制品又轻又薄，这是熟铝。铝合金是在纯铝里掺进少量的镁、锰、铜等金属冶炼而成的，抗腐蚀本领和硬度都得到很大的提高。用铝合金制造的高压锅、水壶，已经广泛在市场上出卖。近年来，商店里又出现了电化铝制品。这是铝经过电极氧化，加厚了表面的铝锈层，同时形成疏松多孔的附着层，可以牢牢地吸附住染料。因此，这种铝制的饭盒、饭锅、水壶等，表面可以染上鲜艳的色彩，使铝制品更加美观，惹人喜爱。

有一句老话，隔夜酒会死人。在农村里还很流行用铝壶装酒。大家千万要注意，如果吃了以后先会肚子疼，去医院医生很可能看不出你的病因。其实这就是所谓的"铝中毒"。

搪瓷炊具　搪瓷炊具的彩釉中含有多种重金属元素，铅就是其中主要成分之一。因此，不可用搪瓷炊具长期盛放酸性食物和饮料，以免铅离子溶出而危害人体健康。同时，使用瓷锅具时，不要把锅底烧红，以防炸裂。

铜锅　人类发现和使用铜比铁早得多，首先用铜来做锅，那是很自然的。在出现了铁锅以后，有的人还是喜欢用铜锅。铜有光泽，看起来很美观。在金属里，铜的传热能力仅次于银，排在第二位，这一点胜过了铁。用铜做炊具，最大的缺点是它容易产生有毒的锈，这就是人们说的铜绿。另外，使用铜锅，会破坏食物中的维生素C。

随着工业的发展，人们发现用铜来做锅实在是委屈了它。铜的产量不多，价格昂贵，用来做电线，造电机，以至制造枪炮子弹，更能发挥它的特点。

于是，铁锅取代了铜锅。

铁锅　铁锅是我国特有的古老炊具，在酸性条件下，可溶出铁，破坏新鲜蔬菜中维生素C，而溶解出的少量铁，也可被人体吸收利用，是一种廉价的补铁剂。用铁锅炒菜时，要急大快炒，少加水，以减少菜中维生素的损失。

青少年应该知道的化学知识

铁锅易生锈，故不能盛菜汤过夜。在农村，炉灶上安的大锅是生铁铸成的。生铁又硬又脆，轻轻敲不会瘪，使劲敲就要碎了。熟铁可以做炒菜锅和铁勺。熟铁软而有韧性，磕碰不碎。生铁和熟铁的区别，主要是含碳量不同。生铁含碳量超过1.7%，熟铁含碳量在0.2%以下。铁锅的价格便宜。三十多年前，在厨房里的锅，几乎全是铁锅。铁锅也有它的缺点，比较笨重，还容易生锈。铁生锈，好象长了疮疤，一片一片地脱落下来。铁的传热本领也不太强，不但比不上铜，也比不上铝。

砂锅 是我国家庭的传统炊具，由于其导热性差、散热性也差，故特别适用于炖肉，煲汤以及煎中药。砂锅的瓷釉中含有少量铅，故新买的砂锅，最好先用4%食醋水浸泡煮沸，这样可去掉大部分有害物质。砂锅内壁有色彩的、不宜存放酒、醋及酸性饮料和食物。

第四节　电冰箱不应放在有煤气或液化气的房间

煤气和液化气是当今城市居民生活的主要燃料，煤气的成分主要是一氧化碳和氢气，液化气主要成分为丙烷、丁烷等有机化合物，都具有易燃易爆有毒，腐蚀性很强（例如CO等）的特点。它能够与钢板制作的电冰箱外壳起化学反应，生成化合物形成铁锈，破坏电冰箱的美观，严重的会使电冰箱保温能力变差。一般情况下，新的电冰箱，外壳虽经油漆保护，如果放置在有煤气或液化气的房间中，少则1~2个月，多则半年或一年，就会锈迹斑斑，十分难看了。所以电冰箱不能放在有煤气或液化气的房间内。

第五节　化妆品中的化学成分

生活中，女士常用的化妆品中有口红、防晒霜、除皱霜，你知道它的化学成分和美容院里吗？

1.口红

女士使用的口红中有油、蜂蜡、二氧化钛和染料，染料由两种化学物质组成，一种是荧光素、一种是溴。

2.防晒霜

有两种：一种可以反射阳光，另一种是在光线到达皮肤之前把它吸收；第一种被称为"物理防晒"第二种是"化学防晒"，化学防晒霜中含有氨基苯酸，可以吸收电磁辐射，并将其转化为没有危害的其他能量形式。

3.除皱霜

面霜中含有"阿尔法氢氧酸"和"贝塔氢氧酸"的化合物，它可以从水果和牛奶中提取。可以溶解人体的皮肤死细胞上附着的脂肪，这种脂肪被消灭，新的皮肤产生，皱纹就减少了。

第六节　豆浆加了酱油，为什么会凝成白花

许多人都爱喝豆浆。

有的人爱喝甜豆浆，有的人爱喝咸豆浆。

喝甜豆浆的人，在豆浆中加些白糖，豆浆依然象牛奶一样，啥样子也没有变，只是味道变甜了。可是喝咸豆浆的时候，怪事就发生了，同样是象牛奶一样的豆浆，加进酱油以后，却很快地凝成了白花花的一碗。这是什么道理呢？

大家知道，豆浆是用黄豆做的。

当黄豆浸泡磨碎，加适量的水以后，黄豆中的大部分蛋白质、无机盐和部分水溶性维生素，都高高兴兴地送到水去了。只有脂肪是不溶于水的。幸亏蛋白质有一种奇特的本领，能够把油脂乳化成很小的油滴，而自己包在小油滴外面，"保护"油滴彼此不会合并，而浮悬在水中。

所以说，豆浆的主要成分是蛋白质和脂肪，当然也有一些无机盐和维生素。

而酱油呢？除了一些氨基酸等物质外，还含有许多食盐，怪不得酱油吃起来挺咸。

豆浆中加进酱油，食盐和蛋白质就碰头了。食盐原是蛋白质的冤家对头，它一进入豆浆，就会迫使蛋白质从水中沉淀出来。这是什么道理呢？

原来蛋白质溶在水中以后，就成为一种胶体溶液，蛋白质胶体微粒是靠了两件"法宝"使自己不会沉淀出来的。一个是蛋白质胶粒会将溶液中的一部分水"拉"到自己的周围，形成一个水化层，当蛋白质胶粒在水中运动时，是带着这个水化层一起运动的，这样，当两个蛋白质胶粒相遇时，由于水化层的阻挡，使两个胶粒不会合在一起。另一个"法宝"是，蛋白质胶粒会通过自己的电离和吸附溶液中的某一种带电离子在自己周围，使自己带上电荷。这样当两个蛋白质胶粒相遇靠近时，由于每一个胶粒所带的电荷都是同一种类型的，因为电荷相同就相互排斥，迫使两个胶粒又重新分开。

这样，蛋白质胶粒就可以安安稳稳的在水中"游荡"了。

可是加入食盐后，情况就不同了。原来食盐是个电解质，它在水中会电离成带正电的钠离子和带负电的氯离子。这些离子吸引水分的能力都比蛋白质胶粒来得强，因此它们不但吸引溶液中的水分子，而且把蛋白质胶粒周围的水化层中的水分子也"抢"过来，使水化层遭到破坏。另一方面，假如蛋白质胶粒是带正电的，那么电解质解离出来的负离子就会"挤"到蛋白质胶粒周围，结果使蛋白质胶粒所带的电荷被"中和"了。蛋白质胶粒借以使自己稳定的两个"法宝"都破坏了，这时当两个蛋白质胶粒再碰头时，就会合并在一起，蛋白质胶粒就会越变越大，最后就从水溶液中沉淀出来了。

豆浆加酱油后出现的白花花，就是沉淀出来的蛋白质。做豆腐时向豆浆中入盐卤或石膏，道理也和上面讲的一样。

第七节　喝酒为什么会醉

饮料酒中都含有酒精，酒精的学名是乙醇。

酒是多种化学成分的混合物，除主要成分酒精外，还有水和众多化学物质。这些化学物质可分为酸、酯、醛、醇等类型。决定酒质量的成分往往含量很低，但种类非常多。这些成分含量的配比非常重要。

酒的度数表示酒中乙醇的体积百分比，通常是以20℃时的体积比表示的，如50度的酒，表示在100毫升的酒中，含有乙醇50毫升（20℃）。

表示酒精含量也可以用重量比，重量比和体积比可以互相换算。西方国家常用proof表示酒精含量，规定200proof为酒精含量100%的酒；如100proof的酒则是含酒精50%。

啤酒的度数则不表示乙醇的含量，而是啤酒生产原料，即麦芽汁的浓度。以12度的啤酒为例，是麦芽汁发酵前浸出物的浓度为12%（重量比）。麦芽汁中的浸出物是多种成分的混合物，以麦芽糖为主。

啤酒的酒精是由麦芽糖转化而来的，由此可知，酒精度低于12度。如常见的浅色啤酒，酒精含量为3.3%~3.8%；浓色啤酒酒精含量为4%~5%。

葡萄酒和黄酒，常常分为干型酒和甜型酒。在酿酒业中，用"干（dry）"表示酒中含糖量低，糖大部分转化成了酒精。还有一种"半干酒"，所含的糖比"干酒"较高些。甜，说明酒中含糖量高，酒中的糖没有全部转化成酒精。此外还有半甜酒、浓甜酒。

酒精无需经过消化系统而可被肠胃直接吸收，饮酒后几分钟，迅速扩散到全身。酒首先被血液带到肝脏，在肝脏过滤后，到达心脏，再到肺，从肺又返回到心脏，然后通过主动脉到静脉，再到达大脑和高级神经中枢。酒精对大脑和神经中枢的影响最大。人体本身也能合成少量的酒精，正常人的血液中含有0.003%的酒精。血液中酒精的致死剂量是0.7%。

酒精以不同的比例存在于各种酒中，它在人体内可以很快发生作用，改变人的情绪和行为。这是因为酒精在人体内不需要经过消化作用，就可直接扩散进入血液中，并分布至全身。酒精被吸收的过程可能在口腔中就开始了，到了胃部，

青少年应该知道的化学知识

也有少量酒精可直接被胃壁吸收，到了小肠后，小肠会很快地大量吸收。酒精吸收进入血液后，随血液流到各个器官，主要是分布在肝脏和大脑中。

酒精在体内的代谢过程，主要在肝脏中进行，少量酒精可在进入人体之后，马上随肺部呼吸或经汗腺排出体外，绝大部分酒精在肝脏中先与乙醇脱氢酶作用，生成乙醛，乙醛对人体有害，但它很快会在乙醛脱氢酶的作用下转化成乙酸。乙酸是酒精进入人体后产生的唯一有营养价值的物质，它可以提供人体需要的热量。酒精在人体内的代谢速率是有限度的，如果饮酒过量，酒精就会在体内器官，特别是在肝脏和大脑中积蓄，积蓄至一定程度即出现酒精中毒症状。

如果在短时间内饮用大量酒，初始酒精会像轻度镇静剂一样，使人兴奋、减轻抑郁程度，这是因为酒精压抑了某些大脑中枢的活动，这些中枢在平时对极兴奋行为起抑制作用。这个阶段不会维持很久，接下来，大部分人会变得安静、忧郁、恍惚、直到不省人事，严重时甚。

第八节　化学与生活的运用常识

1.在山区常见粗脖子病（甲状腺肿大），呆小症（克汀病），医生建议多吃海带，进行食物疗法。上述病患者的病因是人体缺一种元素碘。

2.用来制取包装香烟、糖果的金属箔（金属纸）的金属是铝。

3.黄金的熔点是1064.4℃，比它熔点高的金属很多。其中比黄金熔点高约3倍，通常用来制白炽灯丝的金属是钨。

4.金银匠偷金时所用的液体是王水。

5.黑白相片上的黑色物质是银。

6.儿童常患的软骨病是由于缺少钙元素。

7.在石英管中充入某种气体制成的灯，通电时能发出比荧光灯强亿万倍的强光，因此有"人造小太阳"之称。这种灯中充入的气体是氙气。

8.在紧闭门窗的房间里生火取暖或使用热水器洗澡，常产生一种无色、无味

并易与人体血红蛋白结合而引起中毒的气体是CO。

9.造成臭氧层空洞的主要原因是冷冻机里氟里昂泄露。

10.医用消毒酒精的浓度是75%

11.医院输液常用的生理盐水，所含氯化钠与血液中含氯化钠的浓度大体上相等。生理盐水中氯化钠的质量分数是0.9%

12.发令枪中的"火药纸"（火子）打响后，产生的白烟是五氧化二磷。

13.萘卫生球放在衣柜里变小，这是因为萘在室温下缓缓升华。

14.人被蚊子叮咬后皮肤发痒或红肿，简单的处理方法是擦稀氨水或碳酸氢钠溶液。

15.因为某气体A在大气层中过量积累，使地球红外辐射不能透过大气，从而造成大气温度升高，产生"温室效应"。气体A是二氧化碳。

16.酸雨是指pH小于5.6的雨、雪或者其他形式的大气降水。酸雨是大气污染的一种表现形式，造成酸雨的主要原因是燃烧燃料放出的二氧化硫、二氧化氮造成的。

17.在五金商店买到的铁丝，上面镀了一种"防腐"的金属锌。

18.全钢手表是指它的表壳与表后盖全部是不锈钢制的。不锈钢锃亮发光，不会生锈，原因是在炼钢过程中加入了铬、镍。

19.根据普通光照射一种金属放出电子的性质所制得的光电管，广泛用于电影机、录相机中，用来制光电管的金属是铯。

20.医院放射科检查食道、胃部等部位疾病时，常用"钡餐"造影法。用作"钡餐"的物质是硫酸钡。

21.我国世界闻名的制碱专家侯德榜先生，在1942年发明了侯氏制碱法。所制得的碱除用在工业上之外，日常生活中油条、馒头里也加入一定量这种碱。这种碱的化学名称是碳酸钠。

22.古代建筑的门窗框架，有些是用电镀加工成古铜色的硬铝制成，该硬铝的成分是Al-Cu-Mg-Mn-Si合金。

23.氯化钡有剧毒，致死量为0.8克。不慎误服时，除大量吞服鸡蛋清解毒外，并应加服一定量的解毒剂，此解毒剂是硫酸镁。

24.印刷电路板常用化学腐蚀法来生产。这种化学腐蚀剂是氯化铁。

25.液化石油气的主要成分是丙烷和丁烷。

26.天然气的主要成分是甲烷。若有一套以天然气为燃料的灶具改烧液化石油气，应采用的正确措施是增大空气进入量或减少液化气进入量。

27.装有液化气的煤气罐用完后，摇动时常听到晃动的水声，但这种有水的液体决不能私自乱倒，最主要的原因是这种液体是含碳稍多的烃，和汽油一样易燃烧，乱倒易发生火灾等事故。

28.录音磁带是在醋酸纤维、聚酯纤维等纤维制成的片基上均匀涂上一层磁性材料——磁粉制成的。制取磁粉的主要物质是四氧化三铁。

29.泥瓦匠用消石灰粉刷墙，常在石灰中加入少量的粗食盐，这是利用粗食盐中含有易潮解的物质潮解，有利于二氧化碳的吸收，这种易潮解的物质是氯化镁。

30.我国古代书法家的真迹能保存至今的原因是使用墨汁或碳素墨水，使字迹久不褪色，这是因为碳的化学性质稳定。

31.在字画上常留下作者的印签，其印签鲜艳红润，这是因为红色印泥含有不褪色、化学性质稳定的红色物质，它是朱砂（硫化汞）。

32.黄金制品的纯度用K表示。24K通常代表足金或赤金，实际含量为99%以上。金笔尖、金表壳均为14K，它们通常的含金量不低于56%。

33.烟草成分中危害性最大的物质主要有：尼古丁和苯并芘。

34.潜水艇在深水中长期航行，供给船员呼吸所需氧气所用的最好物质是过氧化钠。

35.变色眼镜用的玻璃片在日光下能变成深色是因为在玻璃中加入了适量的卤化银晶体和氧化铜。

36.铅中毒能引起贫血、头痛、记忆减退和消化系统疾病。急性中毒会引起慢性脑损伤并常危急生命。城市大气铅污染主要来源是汽车尾气。

37.盛在汽车、柴油机水箱里的冷却水，在冬天结冰后会使水箱炸裂。为了防冻，常加入少量的乙二醇。

38.医院里的灰锰氧或PP粉是高锰酸钾。

39.高橙饮料、罐头中的防腐剂是苯甲酸钠。

40.水壶、保温瓶和锅炉中水垢的主要成分是碳酸钙和氢氧化镁。

41.不能用来酿酒的物质是黄豆，能用来酿酒的物质是谷子、玉米、高粱、红薯等。

42.剧烈运动后，感觉全身酸痛，这是因为肌肉中增加了乳酸。

43.营养素中发热量大且食后在胃肠道停留时间最长（有饱腹性）的是脂肪。

44.味精又叫味素，它有强烈的肉鲜味，它的化学名称是2-氨基丁二酸-钠（谷氨酸单钠）。

45.在霜降以后，青菜、萝卜等吃起来味道甜美，这是因为青菜里的淀粉在植物内酶的作用下水解生成葡萄糖。

46.为什么古人"三天打鱼，两天晒网"？因为过去的鱼网是用麻纤维织成的，麻纤维吸水易膨胀，潮湿时易腐烂，所以鱼网用上两三天后晒两天，以延长鱼网的寿命。现在用不着这样做，这是因为现在织鱼网的材料一般选用尼龙纤维。

47.电视机中播放文艺演出时经常看到舞台上烟气腾腾，现在普遍用的发烟剂是乙二醇和干冰。

48.用自来水养金鱼时，将水注入鱼缸以前需在阳光下晒一段时间，目的是使水中的次氯酸分解。

49.若长期存放食用油，最好的容器是玻璃或陶瓷容器。

50.不粘锅之所以不粘实物，是因为锅底涂上了一层特殊物质"特富隆"，其化学名叫聚四氟乙烯，俗名叫——塑料王。

第九节　火锅就是化学锅

亲朋好友相聚，最爱吃火锅，麻辣过瘾，那你对火锅有多少了解呢？火锅其实就是由众多调味品、添加剂杂烩而成的化学锅。

浓汤　火锅汤味之所以浓郁，是因为里面加了飘香剂和增香剂。客人们往往最后才喝汤，但汤涮得时间越久，所含的亚硝酸盐之类的有害残留物就越多。

底料　底料是火锅的关键，在制作过程中会加入几十种添加剂。牛油是制作火锅底料的主要成分，为节约成三，火锅店往往会用廉价的石蜡代替，还会在底料中添加苯甲酸钠作为防腐剂。

涮品　一个重量只有几克的鱼丸至少含有5种添加剂：硝酸钠和亚硝酸钠用来做发色剂，可以保持鱼丸色泽；乳化剂能让鱼丸口味更佳；抗氧化剂和抗冻剂能让鱼丸保存时间更长，另外还要用到防腐剂。些外，绿海带加了孔雀绿茶，毛肚用工业碱泡过，宽粉丝里面加了明矾；鱿鱼之所以肥厚饱满、色泽金黄，是因为添加了工业片碱和甲醛；要让"肥牛"嫩一些，就要加入嫩肉粉……

专家介绍说，火锅里所添加的飘香剂、增香剂、乳化剂、抗冻剂等都是允许使用的添加剂，只要不过度摄入，对人体就没有伤害。但牛油的替代品石蜡，是禁止添加到食品中的，因为在火锅里面长时间蒸煮，石蜡会分解成某种化合物，对呼吸道和肠胃系统造成损害。此外，上面提到的苯甲酸钠、工业碱、工业片碱、甲醛、孔雀绿等都是化学物质，在化学工业上才可使用，严禁加入食品中。

第十节　几种常用的化学消毒

化学消毒剂是通过与菌体的蛋白质结合，使蛋白质变牲、沉淀而达到抑菌或杀菌的作用，一般有来苏水、乙醇、相尔马林、红汞、苯酚等：

1.来苏水

即煤酚皂溶液（含煤酚47%～53%，其余是肥皂和水；煤酚是邻、间、对-甲酚的混合物）。将来苏尔用水稀释成5%～10%的水溶液，用作病人用具州、泄物及环境消毒。

2.乙醇

俗称酒精。主要用于皮肤和医疗器械消毒，其75%的水溶液消毒作用最强，

浓度过高可使菌体表层蛋白质迅速凝固而妨碍乙醇向内渗透，影响杀菌作用。医生在给病人注射药液之前，总要用蘸有酒精的药棉在病人的皮肤上擦几下。这是为了杀菌消毒。酒精能杀菌消毒，这是大家都知道的。

但酒精为什么能杀菌消毒？什么样的酒精杀菌消毒的效果最好？大家就不一定能够答上来了。

酒精是一种有机化合物，学名叫乙醇，分子式为 C_2H_5OH。酒精的分子具有很大的渗透能力，它能穿过细菌表面的膜，打入细菌的内部，使构成细菌生命基础的蛋白质凝固，将细菌杀死。

照这样说来，要使酒精的杀菌消毒效果好，当然是酒精越浓越好了。然而奇怪的是，纯酒精反而不能彻底杀死病菌。这是为什么呢？

原来，浓度几乎达到100%的纯酒精使蛋白质凝固的本领固然很大，但是它却使细菌表面的蛋白质一下子就凝固起来，形成了一层硬膜。这层硬膜阻止酒精分子进一步渗入细菌内部，反而保护了细菌，使它免遭死亡。

在纯酒精中掺入一定量的水以后，酒精就不会使细菌表面的蛋白质一下子凝固，于是大量酒精分子钻进到细菌体内，使其中的蛋白质都凝固起来，细菌就难逃一死了。人们经过反复的试验，知道浓度为75%的酒精杀菌力最强，所以医用消毒酒精一般都是含75%的纯酒精和25%的水。

3.福尔马林

40%的甲醛（HCHO）的水溶液。通常将其稀释成2%~4%的甲醛水溶液，用于器械消毒。用以消毒病房时，将门窗关闭，在房内加热蒸发甲醛溶液4h（每消毒1m3空气，需蒸发15mL福尔马林与20mL开水混合而成的溶液）。4%的水洛液用于固定生物的标本。

4.红汞

即汞溴红，也叫二百二、红药水，是人工合成的含有汞和溴的有机化合物。用2%~4%水溶液作皮扶伤口或皮肤粘膜的消毒，不可与碘同用。

5.苯酚

俗名石炭酸。纯品为无色晶体。其1%水溶液用以喷洒、擦拭房间、家具、浸泡医疗器具，散布于病人排泄物上等消毒。

第十一节　酱油不是油

在生活中，和我们打交道的"油"可真不少。花生油，菜籽油，猪油，牛油，汽油，酱油……

你可知道，它们虽然都叫"油"，但却是几类完全不同的物质。

汽油、煤油是碳和氢的化合物，不能吃，用做燃料。

我们吃的动物油和植物油都是各种脂肪酸和甘油结合而成的碳、氢、氧的化合物（有机化学中叫酯）。

酱油的名字虽然也带"油"，但和油没有一点关系。

中国的酱油在国际上享有极高的声誉。三千多年前，我们的祖先就会酿造酱油了。最早的酱油是用牛、羊、鹿和鱼虾肉等动物性蛋白质酿制的，后来才逐渐改用豆类和谷物的植物性蛋白质酿制。将大豆蒸熟，拌和面粉，接种上一种霉菌，让它发酵生毛。经过日晒夜露，原料里的蛋白质和淀粉分解，就变化成滋味鲜美的酱油啦。

酱油是好几种氨基酸、糖类、芳香酯和食盐的水溶液。它的颜色也很好看，能促进食欲。除了酿造的酱油外，还有一种化学酱油。那是用盐酸分解大豆里的蛋白质，变成单个的氨基酸，再用碱中和，加些红糖做为着色剂，就制成了化学酱油。这样的酱油，味道同样鲜美。不过它的营养价值远不如酿造酱油。

第十二节　揭秘啤酒背后十个误解

啤酒和白酒，人们总会认为啤酒比白酒安全，它没有白酒烈性，可是啤酒到底都有哪些鲜为人知的秘密呢？在这里我们来揭开他神秘的面纱：

1.清淡的啤酒不会导致啤酒肚

可以肯定的是清淡的啤酒的确比普通啤酒所含热量要少。一般来说普通啤酒

含200以上的卡路里，而清淡的啤酒只有90~100卡路里。但这一点点区别并没有大到，让你摆脱啤酒肚的危险。实际上这一点点热量完全可以忽略不记。

2.啤酒越黑说明酒精含量越高

这种说法也不是正确的。啤酒色泽深浅是由里面的麦芽末多少而造成的。与酒精含量无关。

3.热啤酒冰冻会使啤酒变质

这个说法也是不完全正确的。

如果你把重复的加热再冷却，再加热，再冷却，N多次，那么啤酒的质量的确会发生改变。但是谁会这么BT了。实际上啤酒没那么容易被弄坏的，你可以把新鲜的啤酒存放在阴暗出几天，仍旧没有问题。

4.（相对于美国来说）国外啤酒劲更大

这个误区的来源是因为美国和其他国家的啤酒标准不同造成的。美国使用的是'AlcoholByWeight'即重量，而其他国家大部分使用的是Alcohol byVolume即体积。但实际上这与酒精含量都无关，只是容量的各种表示罢了。

5.The Guinness牌啤酒　爱尔兰出产的最好

尽管爱尔兰是一个有着啤酒生产悠久传统的地方。但The Guinness作为一个啤酒品牌，是不会允许他的同类商品出现任何品质上的差异不同的，这不是砸自己牌子吗？所以这种白痴的说法，并不能保证啤酒的质量。

6.啤酒不应该是苦的

啤酒当中的苦味来自于啤酒花。而啤酒花是用来平衡啤酒里麦芽糖浓度与防止腐烂变质的作用。某些厂牌啤酒花用得多，某些厂牌啤酒花用的少。所以味道也就不禁相同。啤酒花除了能给啤酒带来苦味，同样和其他物质反应能使啤酒变得更加美味。所以这个说法也是错误的。

7.最好的啤酒都应该装在绿色的瓶子里

事实上，棕色的瓶子更有利于保存啤酒而不被阳光照射而变质。这个误解来源于，二战后大部分欧洲国家都采用绿色的玻璃瓶在填装啤酒，所以大家都就误

青少年应该知道的化学知识

认为绿色瓶子里的啤酒最好。

8.泰国啤酒Singha含有甲醛

这个误解大多来源与Singha啤酒尝起来更苦更容易醉。当欧美的士兵在泰国喝到这种啤酒时往往很容易就醉了。但仅仅就因为这个而说这个厂牌的啤酒含有甲醛未免太夸张了。

9.Corona啤酒是墨西哥人的尿

传说1980年一个墨西哥工人把尿撒进了Corona的啤酒罐里，并运往了美国。从此Coronal啤酒在美国大卖特卖。也只是一个笑话。尿和啤酒难道还不区分吗？呵呵。

10.女人不喜欢啤酒

这个说法太疯狂了。实际上据我所知我周围的MM大都比男生还要能喝呢！

第十三节　烂白菜为什么吃不得

白菜最容易腐烂，吃了腐烂的白菜之后，就会出现头晕、恶心、呕吐、腹胀、心跳加快、全身青紫，严重时出现抽筋、昏迷甚至有生命危险，有的人用烂白菜喂猪，猪也同样出现这些症状，引起死亡，这是为什么？

这是因为烂白菜在腐烂的过程中产生了毒素，新鲜白菜中有硝酸盐，这是无毒的。白菜腐烂了，在细菌的作用下，硝酸盐变成了亚硝酸盐，它能使血液中的低铁血红蛋白氧化成高铁血红蛋白，从而使血液丧失了携带能力，使人体发生了严重缺氧，因此出现上述症状，轻者身体受到损害，重者死亡。

所以，烂白菜不能吃也不能喂猪。

第十四节　绿豆在铁锅中煮熟后为何会变黑

绿豆在铁锅中煮了以后会变黑；苹果梨子用铁刀切了以后，表面也会变黑。这是因为绿豆、苹果、梨子与多种水果的细胞里，都含有鞣酸，鞣酸能和铁反应，生成黑色的鞣酸铁。绿豆在铁锅里煮，会生成一些黑色的鞣酸铁，所以会变黑。有时，梨子、柿子即使没有用铁刀去切，皮上也会有一些黑色的斑点，这是因为鞣酸分子中含有许多酚烃基，对光很敏感，极易被空气中的氧气氧化，变成黑色的氧化物。

第十五节　哪些食物不能同时共饮

台湾，一名女孩突然无缘无故的七孔流血暴毙，一夜之间，就奔赴黄泉，经过初步验尸。

断定为因砒霜中毒而死亡。那砒霜从何而来一名医学院的教授被邀赶来协助破案。

教授仔细地察看了死者胃中取物，不到半个小时，暴毙之谜便揭晓。教授说："死者并非自杀，亦不是被杀，而是死于无知的'它杀'"，大家莫名其妙。教授说："砒霜是在死者腹内产生的。死者生前每天也会服食'维他命C'，这完全没有问题，问题出在她晚餐吃了大量的虾，虾本身也是没有问题的，但死者却同时服用了'维他命C'，问题就出在这里！"

美国芝加哥大学的研究员，通过实验发现，虾等软壳类食物含有大量浓度较高的—五钾砷化合物。这种物质食入体内，本身对体并无毒害作用。但是，在服用「维生素C」之后，由于化学作用，使原来无毒的—五钾砷（即砷酸酐，亦称五氧化砷，其化学式为（AsO_5），转变为有毒的三钾砷（即亚砷酸酐），又称为三氧化二砷，其化学式为（As203），这就是们俗称的砒霜！

砒霜最早是被用来治疗梅毒或肺结核病的一种辅助药物，后被开发用来制杀虫剂或灭鼠药。但由于毒性强烈，砒霜早已被人们看作是一种杀人的武器。两千多年来，砒霜就一直与"中毒"、"暴死"这样的词汇联系在一起，因而"声名狼藉"。

砒霜有原浆毒作用，能麻痹毛细血管，抑制巯基梅的活性，并使肝脏脂变肝小叶中心坏死，心、肝、肾、肠充血，上皮细胞坏死，毛细血管扩张。故中其毒而死者，常是七窍出血。

所以；为慎重起见，在服用「维生素C」期间，应当忌食虾类。

虾+维C=中毒　　感冒药+可乐=中毒，不能混食

还有一些食物混合在一起会诱发病变：

1.海鲜＋啤酒　易诱发痛风

海鲜是一种含有嘌呤和苷酸两种成分的食物，而啤酒中则富含分解这两种成分的重要催化剂维生素B1。吃海鲜的时候喝啤酒容易导致血尿酸水平急剧升高，诱发痛风，以至于出现痛风性肾病、痛风性关节炎等。

2.火腿＋乳酸饮料　容易致癌

将三明治搭配优酪乳当早餐的人要小心，三明治中的火腿、培根等和乳酸饮料一起食用易致癌。为了保存肉制品，食品制造商会添加硝酸盐来防止食物腐败及肉毒杆菌生长。

当硝酸盐碰上有机酸时，会转变为一种致癌物质亚硝胺。

3.萝卜＋橘子　易诱发甲状腺肿大

萝卜会产生一种抗甲状腺的物质硫氰酸，如果同时食用大量的橘子、苹果等水果，水果中的类黄酮物质会转化为抑制甲状腺作用的硫氰酸，进而诱发甲状腺肿大。

4.鸡蛋＋豆浆　降低蛋白质吸收

生豆浆中含有胰蛋白酶抑制物，它能抑制人体蛋白酶的活性，影响蛋白质在人体内的消化和吸收，鸡蛋的蛋清里含有黏性蛋白，可以同豆浆中的胰蛋白酶结

合，使蛋白质的分解受到阻碍，从而降低人体对蛋白质的吸收率。

5.牛奶＋巧克力　易发生腹泻

将牛奶与巧克力混在一起吃，牛奶中的钙会与巧克力中的草酸结合成一种不溶于水的草酸钙，食用后不但不能被吸收，还会发生腹泻、头发干枯等症状。

6.水果＋海鲜　不容易消化

吃海鲜的同时，若再吃葡萄、山楂、石榴、柿子等水果，就会出现呕吐、腹胀、腹痛、腹泻等。因为这些水果中含有鞣酸，遇到水产品中的蛋白质，会沉淀凝固，形成不容易消化的物质。

7.菠菜＋豆腐　易患结石症

豆腐里含有氯化镁、硫酸钙这两种物质，而菠菜中则含有草酸，两种食物遇到一起可生成草酸镁和草酸钙。这两种白色的沉淀物不仅影响人体吸收钙质，而且还易导致结石。

8.橘子与牛奶

在喝牛奶前后1小时左右，不宜吃橘子。因为牛奶中的蛋白质一旦与橘子中的果酸相遇，就会发生凝固，从而影响牛奶的消化与吸收。在这个时间段里也不宜进食其他酸性水果。

9.果汁与牛奶

牛奶中的蛋白质80%为酪蛋白，牛奶的酸碱度在4.6以下时，人量的酪蛋白便会发生凝集、沉淀，难以消化吸收，严重者还可能导致消化不良或腹泻。所以牛奶中不宜添加果汁等酸性物质。

10.牛奶与药

有人喜欢用牛奶代替白开水服药，其实，牛奶会明显地影响人体对药物的吸收。由于牛奶容易在药物的表面形成一个覆盖膜，使奶中的钙、镁等矿物质与药物发生化学反应，形成非水溶性物质，从而影响药效的释放及吸收。因此，在服药前后一段时间也不宜喝奶。

还有一些食物不能混放，我们平时要引起注意：

22

青少年应该知道的化学知识

1.鲜蛋与生姜、洋葱

蛋壳上有许多小气孔、生姜和洋葱有强烈气味，易透进小气孔，使鲜蛋变质。

2.面包与饼干

面包含水分较多，如果两者放在一起，面包变硬，饼干也会失去酥脆。

3.茶与香烟、糖果

茶叶对气味的吸附作用很强，会把香烟中的辛辣味吸收，使茶叶变味。另外茶叶与糖果共处，易潮发霉。

4.粮食与水果

粮食堆积易发热。水果受热后会蒸发水分变干瘪，而粮食吸收水分后生霉变。

还有一些，食物共饮会带来身体上的危害，我们在日常生活中一定要引以为戒呀：

1.鸡蛋忌糖精------同食中毒、死亡

2.豆腐忌蜂蜜------同食耳聋

3.海带忌猪血------同食便秘

4.土豆忌香蕉------同食生雀斑

5.牛肉忌红糖------同食胀死人

6.狗肉忌黄鳝------同食则死

7.羊肉忌田螺------同食积食腹胀

8.芹菜忌兔肉------同食脱头发

9.番茄忌绿豆------同食伤元气

10.螃蟹忌柿子------同食腹泻

11.鹅肉忌鸭梨------同食伤肾脏

12.洋葱忌蜂蜜------同食伤眼睛

13.黑鱼忌茄子------同食肚子痛

14.甲鱼忌苋菜------同食中毒

15.皮蛋忌红糖------同食作呕

16.人参忌萝卜------同食积食滞气

17.白酒忌柿子------同食心闷

不能一起吃的食物:

1.红薯和柿子——会得结石

2.鸡蛋和糖精——容易中毒

3.洋葱和蜂蜜——伤害眼睛

4.豆腐和蜂蜜——引发耳聋

5.萝卜和木耳——皮肤发炎

7.花生和黄瓜——伤害肾脏

8.牛肉和栗子——引起呕吐

9.兔肉和芹菜——容易脱发

10.螃蟹和柿子——腹泻

11.鲤鱼和甘草——会中毒

以下食物在两小时内一定不要同吃:

羊肉忌西瓜——同食伤元

牛肉忌栗子——同食呕吐

柿子忌螃蟹——同食腹泻

鸡蛋忌糖精——同食中毒

兔肉忌芹菜——同食脱发

鹅肉忌鸡蛋——同食伤元气

洋葱忌蜂蜜——同食伤眼睛

黄瓜忌花生——同食伤身

香蕉忌芋头——同食腹胀

猪肉忌菱角——同食肚子痛

豆腐忌蜂蜜——同食耳聋

萝卜忌木耳——同食得皮炎

狗肉忌绿豆——同食多吃易中毒

马肉忌木耳——同食得霍乱

牛肉忌毛姜——同食中毒死亡

羊肉忌梅干菜——同食生心闷

鸡肉忌芥菜——同食伤元气

驴肉忌黄花——同食心痛致命

兔忌小白菜——同食易呕吐

鹅肉忌鸭梨——同食好生热病

黑鱼忌茄子——同食易得霍乱

海蟹忌大枣——同食易得疟疾

芥菜忌鸭梨——同食发呕

马铃薯忌香蕉——同食面部生斑

一些蔬菜也不能搭配吃：

猪肉菱角同食会肝疼，羊肉西瓜相会定互侵；

狗肉如遇绿豆会伤身，萝卜水果不利甲状腺；

鲤鱼甘草加之将有害，蟹与柿子结伴会中毒；

甲鱼黄鳝与蟹孕妇忌，鸡蛋再吃消炎片相冲；

柿子红薯搭配结石生，豆浆营养不宜冲鸡蛋；

洋葱蜂蜜相遇伤眼睛，萝卜木耳成双生皮炎；

豆腐蜂蜜相拌耳失聪，菠菜豆腐色美实不宜；

胡萝卜白萝卜相互冲，蕃茄黄瓜不能一起食；

香蕉芋艿入胃酸胀痛，马铃薯香蕉面部起斑。

还有一些不宜吃的食物：

1.发芽、发青的土豆有毒，不能吃。

2.新鲜的黄花菜（金针菜）有毒，不能吃。

3.没有炒透的四季豆、扁豆有毒，吃不得。

4.老鸡头（5年以上鸡头）有大毒，吃不得。

5.嫩炒猪肝，含有毒素，不宜吃。

6.皮蛋、爆米花含铅特别多，儿童不宜吃。

7.烤焦的食物不能吃，吃后易患癌。

8.烂姜有极毒，能坏死肝细胞，切不可吃。

9.生豆油含有苯，会破坏造血系统，不可吃。

10.久煮的水含有亚硝酸盐，吃则易生癌。

11.太烫食物不能吃，易烫伤消化道引起癌变。

12.未熟透的豆浆不能吃，吃易中毒。

13.腌制的食物含有致癌物质，不宜多吃。

14.烘烤的肉串类、鱼片含致癌物，不宜多吃。

15.柿子空服易患胃内柿结石，千万不要吃。

16.食品添加剂、人造食素、香料、香精、皮蛋、方便面、午餐肉、油炸食物不宜多吃。

附食疗歌：

盐醋防毒消炎好，韭菜补肾暖膝腰。

萝卜化痰消胀气，芹菜能降血压高。

胡椒去寒又除湿，葱辣姜汤治感冒。

大蒜抑制肠胃炎，绿豆解暑最为妙。

梨子润肺化痰好，健胃补肾食红枣。

蕃茄补血美容颜，禽蛋益智营养高。

花生能降胆固醇，瓜豆消肿又利尿。

鱼虾能把乳汁补，动物肝脏明目好。

生津安神数乌梅，润肺乌发食核桃。

蜂蜜润肺化痰好，葡萄悦色人年少。

香蕉通便解胃火，苹果止泻营养高。

海带含钙又含磺，蘑菇抑制癌细胞。

白菜利尿排毒素，菜花常吃癌症少。

第十六节　浅说珠宝

珠宝是珍珠与宝石的总称。珍珠是砂粒微生物进入贝蚌壳内受刺激分泌的

青少年应该知道的化学知识

珍珠质逐渐形成的具有光泽的美丽小圆体，化学成分是碳酸钙及少量有机物，除作饰物外，还有药用价值。一般来说，凡硬度在7度以上，色泽美丽，受大气及药品作用不起化学变化，产量稀少，极为宝贵的矿物统称为宝石。性优者如：金刚石、钢玉、绿柱玉、贵石榴石、电气石、贵蛋白石等；质稍劣者如：水晶、玉髓、玛瑙、碧玉、孔雀石、琥珀、石榴石、蛋白石等。

现择其部分浅谈如下：

1.珍珠

珍珠的英文名称为Pearl，是由拉丁文Pernulo演化而来的。早在远古时期，原始人类在海边觅食时，就发现了具有彩色晕光的洁白珍珠，并被它的晶莹瑰丽所吸引，从那时起珍珠就成了人们喜爱的饰物，并流传至今。

珍珠是一种古老的有机宝石，产在珍珠贝类和珠母贝类软体动物体内，由于内分泌作用而生成的含碳酸钙的矿物（文石）珠粒，是由大量微小的文石晶体集合而成的。珍珠的化学组成为：$CaCO_3$91.6%、H_2O和有机质各4%、其它0.4%。珍珠的形状多种多样，有圆形、梨形、蛋形、泪滴形、钮扣形和任意形，其中以圆形为佳。非均质体。颜色有白色、粉红色、淡黄色、淡绿色、淡蓝色、褐色、淡紫色、黑色等，以白色为主。白色条痕。具典型的珍珠光泽，光泽柔和且带有虹晕色彩。透明至半透明。折光率1.530～1.686，双折射率0.156。无色散现象。硬度2.5～4.5。天然淡水珍珠的密度一般为2.66～2.78g/cm^3，因产地不同而有差异。无解理。韧性较好。在短波紫外光下珍珠显白色、淡黄色、淡绿色、蓝色荧光，黑色珍珠发淡红色荧光；X射线下有淡黄白色的荧光。遇盐酸起泡。

珍珠以它的温馨，雅洁，瑰丽，一向为人们钟爱，被誉为珠宝皇后。珍珠的成分是含有机制的碳酸钙，化学稳定性差，可溶于酸，碱中，日常生活中不适宜接触香水，油，盐，酒精，发乳，醋和脏物；更不能接触香蕉水等有机溶剂；夏天人体流汗多，也不宜戴珍

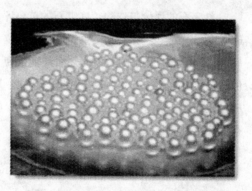

珠项链，不用时要用高级中性肥皂或洗洁精轻轻洗涤清洁，然后晾干，不可在太阳下暴晒或烘烤；收藏时不能与樟脑丸放在一起，也不要长期放在银行的保险库内。珍珠的硬度较低。佩戴久了的白色珍珠会泛黄，使光泽变差，可用1%～1.5%双氧水漂白，要注意不可漂过了头，否则会失去光泽。

2.红宝石

红宝石的英文名称为Ruby，源于拉丁文Ruber，意思是红色。红宝石的矿物名称为刚玉，

化学成分为三氧化二铝（Al2O3），因含微量元素铬（Cr^{3+}）而成红至粉红色。属三方晶系。晶体形态常呈桶状、短柱状、板状等。集合体多为粒状或致密块状。透明至半透明，玻璃光泽。折光率1.76～1.77，双折射率0.008～0.010。二色性明显，非均质体。有时具有特殊的光学效应——星光效应，在光线的照射下会反射出迷人的六射星光，俗称"六道线"。硬度为9，密度3.95～4.10克/立方厘米。无解理，裂理发育。红宝石在长、短波紫外线照射下发红色及暗红色荧光。

红宝石的红色之中，最具价值的是颜色最浓，被称为'鸽血'的宝石，非常贵重。这种几乎可称为深红色的鲜艳强烈色彩，更把红宝石的真面目表露的一览无遗。遗憾的是大部分红宝石颜色都呈淡色，并且带有粉的感觉，因此带有鸽血色调的红宝石，更有价值。另外由于红宝石弥漫一着股强烈的生气和浓艳的色彩，以前的人们认为它是死鸟的化身，对其产生热切的幻想。天然红宝石的产地非产稀少，优质的红宝石只有缅甸一处出产，并且产量也逐渐在减少之中，现在可以说几乎衰退殆尽，大的石便不再出现。

红宝石的评价与选购。红宝石的首要评价与选购因素是颜色，其次是重量、透明度和净度。一般来说，颜色纯正，颗粒大，透明，无或极少包裹体与瑕疵，加工精细，各部分比例匀称的刻面红宝石为上等品。缅甸红宝石，多呈鸽血红，色匀，透明度大，粒大，极少瑕疵与裂纹。斯里兰卡红宝石，色浅，主要品种是星光红宝石。泰国尖竹纹红宝石，深红色，颜色不太鲜艳，比较洁净。红宝石具有脆性，怕敲击、摔打，佩带时应该注意。

青少年应该知道的化学知识

3.蓝宝石

蓝宝石的英文名称为Sapphire，源于拉丁文Spphins，意思是蓝色。蓝宝石的矿物名称为刚玉，属刚玉族矿物。目前宝石界将红宝石之外，其余各色宝石级刚玉统称为蓝宝石。

蓝宝石的化学成分为三氧化二铝（Al_2O_3），因含微量元素钛（Ti^{4+}）或铁（Fe^{2+}）而呈蓝色。属三方晶系。晶体形态常呈筒状、短柱状、板状等，几何体多为粒状或致密块状。透明至半透明，玻璃光泽。折光率1.76～1.77，双折射率0.008，二色性强。非均质体。有时具有特殊的光学效应——星光效应。硬度为9，密度3.95～4.1克/立方厘米。无解理，裂理发育。在一定的条件下，可以产生美丽的六射星光，被称为"星光蓝宝石"。

蓝宝石可以分为蓝色蓝宝石和艳色（非蓝色）蓝宝石。颜色以印度产"矢车菊蓝"为最佳。据说蓝宝石能保护国王和君主免受伤害，有"帝王石"之称。国际宝石界把蓝宝石定为"九月诞生石"，象征慈爱、忠诚和坚贞。蓝宝石是世界五大珍贵高档宝石之一。

蓝宝石的评价与选购。蓝宝石的评价与选购因素是颜色、重量、透明度和净度。蓝宝石的最大特点是颜色不均匀，聚片双晶不发育，二色性强。缅甸地区产的蓝宝石，呈鲜艳的蓝色（含钛致色），因含包裹体，可产生六射或十二射星光。印度克什米尔蓝宝石，呈矢车菊蓝色，是微带紫的靛蓝色，颜色鲜艳，属优质蓝宝石。斯里兰卡、泰国、中国、澳大利亚产的蓝宝石也各具特色。蓝宝石具有脆性，佩带时应避免摔打、磕碰。

4.祖母绿

祖母绿的英文名称为Emerald，起源于古波斯语，后演化成拉丁语Smaragdus，大约在公元16世纪左右，成为今天英文名称。祖母绿又叫"吕宋绿"、"绿宝石"。古希腊人称祖母绿是"发光"的"宝石"。

祖母绿是一种含铍铝的硅酸盐，其分子式为$Be_3Al_2(Si_6O_{18})$，属于绿柱石家族中最"高贵"的一员。属六方晶系。晶体单形为六方柱、六方双锥，多呈长方柱状。集合体呈粒状、块状等。翠绿色，玻璃光泽，透明至半透明。折光率1.564~1.602，双折射率0.005~0.009，多色性不明显。非均质体。硬度7.5，密度2.63~2.90克/立方厘米。解理不完全，贝壳状断口。具脆性。X射线照射下，祖母绿发很弱的纯红色荧光。

哥伦比亚所出产的祖母绿早已闻名于世，而其中一种罕为人知的达碧兹粒状祖母绿，更是世上独一无二的。1946年在著名矿区穆佐（Muzo）的比亚博兰卡（Pena Blanca）首次发现这种罕见的祖母绿宝石—达碧兹，西班牙文原意是：研磨蔗糖的轴辘。因宝石中心有一六边型的核心，由此放射出太阳光芒似的六道线条，形成一个星状的图案，故因此得名。

当地人深信这是神的特别恩赐，每一道线条都代表祝福：健康，财富，爱情，幸运，智慧，快乐。因为宝石的特殊性质，故均打磨成弧面型，而不作平面切割。随着比亚博兰卡矿区的关闭，现存达碧兹就愈显珍贵。现存于大英帝国，伦敦维多利亚及艾博特博物馆的The star of Andes（安第斯之星）：重达80.61克拉。

5.猫眼石

宝石是硬度仅次于钻石，红蓝宝的宝石。金绿宝石和变种的变石及猫眼石，这三种宝石不但非常美丽，而且由于极为稀有，因此价格也很高昂。在金绿宝石内部含有发达之真空状内含物的金绿宝石施以卡波逊切割之后，出现彩色变化效果的便是猫眼石。

金绿宝石是含铍铝氧化物，化学分子式为$BeAl_2O_4$。属斜方晶系。晶体形态常呈短柱状或板状。猫眼石有各种各样的颜色，如蜜黄、褐黄、酒黄、棕黄、黄绿、黄褐、灰绿色等，其中以蜜黄色最为名贵。透明至半透明。玻璃至油脂

青少年应该知道的化学知识

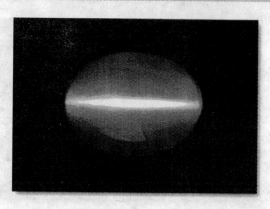

光泽。折光率1.746～1.755，双折射率0.008～0.010。二色性明显，色散0.015，非均质体。硬度8.5，密度3.71～3.75克/立方厘米。贝壳状断口。

猫眼石是因为它本身如猫眼一般溜溜转动的色彩而被命名，因此以英文直译也称为'猫眼石'也只有金绿宝石猫眼可直称为猫眼。猫眼石具有蜂蜜的色彩，尤其是它的一道光痕，会映到两侧面成为'3道光痕'，因此它的价格被评断得很高。以颜色而论，奶油色及柠檬色次于蜂蜜色，而褐色和灰色的评价则较低。把猫眼放在光线之下。可以显现出一条很清楚的光线，而转动它时，光条则会产生左右摇动的现象，这就是猫眼的变色现象。

能显现如猫眼光彩变形效果的宝石，除了金绿宝石以外还有其它种类。象电石，磷灰石，蓝晶等，另外还有以其石棉纤维状组织关系而产生同样效果的矿石〔虎眼石〕，但与金绿猫眼是无法比拟的。在伊朗国王的王冠上镶有一颗黄绿色猫眼，重147.7克拉。

6、和田玉

玉在我国至少有7000年的历史，也称为软玉，是我国玉文化的主体。和田玉由于质地十分细腻，所以它的美表现在光洁滋润，颜色均一，柔和如脂，它具有一种特殊分细腻，所以它的美表现在光洁滋润，颜色均一，柔和如脂，它具有一种特殊的光泽，介于玻璃光泽，油脂光泽，蜡状光泽之间，可以称为玉的光泽，这种美显得十分高雅；而且和田玉非常坚韧，抗压能力可以超过钢铁。如果加上精巧的雕琢，真是可以陶冶人的性情和品格。

和田玉是一种具链状结构的含水钙镁硅酸盐。它是造岩矿物角闪石族中以透闪石、阳起石为主，并含有其它微量矿物成分的显微纤维状或致密块状矿物集合体。化学成分为$Ca_2(Mg, Fe^{2+})_5(Si_4O_{11})_2(OH)_2$。属单斜晶系。晶体呈纤维状或针柱状。颜色多种多样，呈白、青、黄、绿、黑、红等色。一般

为油脂光泽，有时为蜡状光泽。半透明至不透明。折光率1.606~1.632，双折射率0.021~0.023。无荧光或磷光。硬度6~6.5，密度2.9~3.1g/cm3。断口参差状。韧性极强，质地细腻，坚韧，抛光后表面十分明亮。

软玉主要产于接触交代变质带及浅变质岩带的绿片岩相中，有时也可由基性岩浆岩蚀变或变质而成。中国是世界上出产玉石最古老而又最著名的国家。最主要的产地为新疆南部的和田玉龙喀什河、喀拉喀什河及叶尔羌河上游的昆仑山上。其它产软玉的国家有澳大利亚、加拿大、美国、俄罗斯、新西兰、巴西等国。

7.翡翠

翡翠的英文名称为Jadeite，是西班牙语Piedo de jade的简称，意思是佩戴在腰部的宝石。之所以叫翡翠，是因为它的颜色不均一，有时在浅色的底子上伴有红色和绿色的色团，颜色之美尤如古代赤色羽毛的翡雀和绿色羽毛的翠雀，所以称之为翡翠。近代人们称翡翠为"红翡绿翠"。

翡翠是一种以硬玉为主的纤维状、致密块状的钠铝硅酸盐矿物集合体，化学分子式为NaAl（Si2O6）。硬玉是自然界中最常见的造岩矿物之一辉石族中的一种少见品种，属单斜晶系。晶体形态为短柱状、纤维状微晶集合体。翡翠的颜色千变万化，多为绿、红、紫、蓝、黄、灰、黑、无色等。根据绿色的色调、亮度和饱和度，翡翠可分为祖母绿色、苹果绿色、葱心绿、菠菜绿、油绿、灰绿等六种。玻璃光泽至油脂光泽，半透明至不透

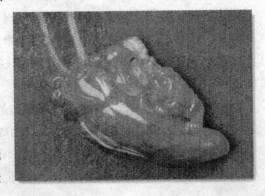

32

青少年应该知道的化学知识

明。折光率1.66~1.68，双折射率0.012~0.020，无多色性。硬度6.5~7，密度3.25~3.4g/cm3。韧性极强。

自古以来，翡翠一直是最受人们喜爱的珠宝之一。翡翠的绿色与红色象征幸福与兴旺。人们佩戴翡翠饰物，可以防身避祸，逢凶化吉，祛病延年。赠送和佩戴翡翠饰物，预示着对爱情的忠贞。优质翡翠是当今世界价格昂贵的宝石品种，是高档玉料。

8.欧泊

欧泊的英文名称为pal，源于拉丁文Opalus，意思是"集宝石之美于一身"，或来源于梵文Upala，意思是"贵重的宝石"。中国的"欧泊"一词，是根据英文音译过来的。

欧泊在矿物学中属蛋白石类，是具有变彩效应的宝石蛋白石，是一种含水的非晶质的二氧化硅。化学成分为$SiO_2 \cdot nH_2O$，含水量一般为3%~10%。非晶质体。内部具球粒结构，集合体多呈葡萄状、钟乳状。底色呈黑色、乳白色、浅黄色、桔红色等。半透明至微透明。玻璃光泽、珍珠光泽、蛋白光泽。具变彩效应。折光率1.37~1.47，无双折射现象，色散很微弱。硬度为5.5~6.5，密度2.15~2.23g/cm3。性脆，易干裂，贝壳状断口。在长波紫外线照射下，不同种类的欧泊发出不同颜色的荧光。

欧泊，外观光润灿烂，以其美丽迷人的变幻色彩令人赞叹不已。它具有红宝石的火焰、紫水晶的亮紫色和祖母绿的翠绿色，集红宝石的艳丽、紫水晶的华贵和绿宝石的迷人于一身。在欧洲，欧泊是幸运的代表，古罗马人称之为"丘比特"之子，是恋爱中美丽的天使，被认为是希望和纯洁的象征。据普林尼记载：诺尼元老宁肯流放，也不愿意把自己的欧泊让给渴望得到这块宝石的安东尼（公元前83~30年古罗马领袖）。东方人把它看做象征忠诚精神的神圣宝石。美国人大多喜欢红色、桔红色的欧泊，日本人普遍喜爱蓝色和绿色的欧泊，中国人民垂青于喜庆的暖色

调的红色欧泊。国际宝石界把欧泊列为"十月诞生石"，是希望和安乐之石。

美国史密森学院珍藏世界最大一块珍贵欧泊，重355.19克拉。爱多姆克欧泊重205克拉，1954年，澳大利亚政府将它镶在项链上送给了英国女王。

9.水晶

水晶的英文名称为Rock-crystal，是根据希腊文Krystallos演变而来的，其含义为"洁白的冰"，形象地刻画了水晶清亮、透彻的外观。

水晶是透明度高，晶形完好的石英晶体。水晶属于石英庞大"家族"中显晶质一类。化学成分为二氧化硅，化学分子式为SiO_2，可含有微量的铁、锰、镁、铝、钛等杂质。属三方晶系。晶体是六方柱和菱面体或六方双锥的聚形，柱面有横向晶纹，集合体常为晶簇，水晶多为无色透明，含杂质者可呈紫、黄、粉红、褐、灰、黑等颜色。透明度好，晶面玻璃光泽，断口油脂光泽。折光率1.544～1.533，双折射率0.008，色散0.013。紫色水晶有二色性。硬度7，密度2.66g/cm3。贝壳状断口。具有压电性。

根据颜色、包裹体及工艺特性可分为：水晶、紫晶、黄水晶、烟晶、蔷薇水晶、黑晶、发晶及鬃晶、水胆水晶、星光水晶、猫眼水晶和砂晶等。

水晶的评价与选购。水晶类宝石的价值评价因素为颜色、透明度、重量和净度。工艺上要求水晶无色或颜色鲜艳均匀，透明度高，无裂隙，晶体直径在3cm以上。选购时从以上两方面考虑。除天然紫晶价值略高外，其它均为低档宝石。紫晶颜色不稳定，遇高温和长期曝晒易褪色，佩戴和收藏时应避免高温和曝晒。

10.钻石

钻石，又称金刚钻，矿物名称为金刚石。英文为Diamond，源于古希腊语Adamant，意思是坚硬不可侵犯的物质。

钻石的化学成分是碳，这在宝石中是唯一由单一元素组成的。属等轴晶系。晶体形态多呈八面体、菱形十二面体、四面体及它们的聚形。纯净的钻石无色透明，由于微量元素的混入而呈现不同颜色。强金刚光泽。折光率2.417，色散中等，为0.044。均质体。热导率为0.35卡/厘米·秒·度。用热导仪测试，反应最为灵敏。硬度为10，是目前已知最硬的矿物，绝对硬度是石英的1000倍，刚玉的150倍，怕重击，重击后会顺其解理破碎。一组解理完全。密度3.52克/立方厘米。钻石具有发光性，日光照射后，夜晚能发出淡青色磷光。X射线照射，发出天蓝色荧光。钻石的化学性质很稳定，在常温下不容易溶于酸和碱，酸碱不会对其产生作用。

钻石与相似宝石、合成钻石的区别。宝石市场上常见的代用品或赝品有无色宝石、无色尖晶石、立方氧化锆、钛酸锶、钇铝榴石、钇镓榴石、人造金红石。合成钻石于1955年首先由日本研制成功，但未批量生产。因为合成钻石要比天然钻石费用高，所以市场上合成钻石很少见。钻石以其特有的硬度、密度、色散、折光率可以与其相似的宝石区别。如：仿钻立方氧化锆多无色，色散强（0.060）、光泽强、密度大，为5.8克/立方厘米，手掂重感明显。钇铝榴石色散柔和，肉眼很难将它与钻石区别开。所以，选购时要牢记钻石的鉴定特征，以免造成不必要的损失。

钻石的评价主要由4C的等级基准来决定：

［1］克拉［Carat］。［2］切割［Cut］。［3］色彩［Color］。［4］净度［Clarity］。

克拉：［1ct比相当200毫克］为珠宝的重要计量单位，克拉数愈高价格愈昂贵。

切割：把钻石的原石切割研磨之后的形状也很重要，由于钻石生命的美丽光辉必须由良好理想的切割才能显现，因此切割技术是否优良，也是决定钻石价值的一项重要因

素。

色彩： 虽然一般认为是无色透明的钻石，但是实际上它本身稍带一点色彩，以其色泽的程度来决定钻石等级。优良的钻石愈加清澈透明，白色程度愈高，愈能散发强烈的光辉。

净度： 完全没有瑕疵的钻石极为稀少，但是选择时当然是以瑕疵愈少的愈好。瑕疵愈多的话，相对地透明度便愈低。另外瑕疵也因位置，大小，数量及是否明显来影响钻石的价格。

钻石居世界五大珍贵高档宝石之首，素有"宝石之王"、"无价之宝"的美誉。国际宝石界定钻石为"四月诞生石"。世界上最早发现金刚石的国家是四大文明古国之一的印度。世界上最大的钻石是1905年1月21日在南非比勒陀利亚城发现的库里南钻石，呈淡天蓝色，重量3106克拉，近似一个男人的拳头。被琢磨成大小不等的105粒钻石，其中最大的一粒"非洲之星"重530.2克拉，镶在英王爱德华七世的权杖上。我国最著名的一颗大钻石叫"常林钻石"，重量158.78克拉，1977年12月21日，山东省临沭县岌山镇常林村的一位女社员魏振芳，在耕地时发现的。

第十七节　浅谈烟草的化学成分

我国是世界上最大的烟草消费大国。根据联合国世界卫生组织（WHO）的调查，12亿人中估计有3.2亿烟民（占世界吸烟人的1/4），其中男性3亿，女性2000万。我国烟草制品中最大的种类是卷烟，即纸烟、香烟。

众所周知，吸烟有害健康。科学家对香烟成份进行长期的研究指出，香烟中含有4000多种化学毒物，其中约有40种化学致癌物。截止1988年（据Roberts，1988 Tobacco Reporter报道）已经鉴定出烟气中的化学成分已达5068种，其中1172种是烟草本身就有的，另外3896种是烟气中独有的。

烟草的化学成分与其他植物一样，可分为两大类：一类为有机化合物，一类为无机化合物。糖、淀粉、糊精、纤维、色素、有机酸、蛋白质、烟碱、氨基酸等属有机化合物；氯、钾、磷、钙、镁、硫等无机盐类属无机化合物。

1.碳水化合物

烟草中的碳水化合物有可溶性的糖和不可溶性的多糖。

（1）可溶性糖有单糖和双糖。

烟草中的葡萄糖和果糖属于单糖，蔗糖和麦芽糖属于双糖。因为葡萄糖分子结构中含有醛基（—CHO）又称醛糖，果糖分子中含有酮基（–C=O）也称为酮糖，醛基和酮基在碱性溶液中都能还原酒石酸铜，所以在烟草化学分析中，用这一性质来检测烟草中单糖含量，单糖含量的高低是衡量烟草优劣的重要因素。

（2）不溶性的多糖

烟草中的多糖包括淀粉、纤维素和果胶等，多糖与单糖、双糖不同，它没有还原能力，但在酸性条件下和酶的作用也能水解成单糖。

淀粉在成熟的烟草中的含量为10%～30%。纤维素是构成烟草细胞组织和骨架的基本物质，烟草中含纤维素的量一般在11%左右，它随着烟草等级的下降而增加。果胶在烟草中含量为12%左右，果胶影响烟草的弹性韧性等物理性能，由于果胶的存在，当烟草含水份多时烟草的弹性韧性就增大，含水少时就发脆易碎。

2.烟草含氮化合物较多，主要有蛋白质、烟碱和游离碱。

（1）蛋白质：烟草中的蛋白质对烟草质量影响较大，在燃烧时产生一种臭鸡蛋味，其含量在5%～15%之间，蛋白质中氮元素的平均含量为16%，在检测烟草化学成份时不直接检测蛋白质，而是通过测得的氮元素来换算出蛋白质含量。

（2）烟碱：烟草之所以能区别于其他植物主要是因为含有烟碱。烟碱容易和酸进行化学反应，与草酸、柠檬酸作用，生成草酸盐和柠檬酸盐，与硅钨酸作用生成烟碱硅钨酸的白色沉淀。

（3）游离碱：烟草中还有一种游离碱，虽然含量很低，但对卷烟质量影响很大，卷烟在燃烧时，挥发碱受热进入烟气中，对人的感官产生一种辛辣刺激，但烟气中还必须有一定量的挥发碱。

3.有机酸

烟草甲含有机酸在200多种以上，大部分为二元酸和三元酸，其中以柠檬

酸、苹果酸、草酸、琥珀酸含量最多，这四种酸占烟草中的有机酸的70%，可中和游离碱，降低烟气的辛辣、呛喉现象，使烟气变得甜润舒适。

4.矿物质

烟草中的矿物质种类繁多，一般含量为10%上下。烟草含钾高则燃烧性和阴燃持火力都较强，烟灰也好。氯离子在烟草中含量高低，直接影响烟草的燃烧性，若含量在1%以下可使烟草柔软减少破碎。

烟草中有害物质的毒害作用，现在已逐渐为人们所认识，世界上几乎所有国家都意识到吸烟对健康带来和危害。许多国家的政府都通过立法措施控制有害物质在卷烟中的含量。

第十八节　巧克力的药理知多少

巧克力含有超过300种已知的化学物质。科学家们上百年来对这些物质进行逐一分析与实验，并不断在此过程中发现和证明了巧克力其各种成分对人体惟妙惟肖的药理作用。

巧克力是防止心脏病的天然卫士。

巧克力含有丰富的多源苯酚复合物，这种复合物对脂肪性物质在人体动脉中氧化或积聚起相当大的阻止作用。

心脏病的主要病症冠心病通常是由于脂肪类物质LDL（低浓度脂蛋白）在人体血脉中氧化并形成障碍物而引起心血管阻塞。

巧克力的苯酚复合物不单能防止巧克力本身脂肪腐化变酸，更能在被食入人体后，迅速给血管吸收，在血液中抗氧化物成分明显增加，并很快积极作用为一种强有力的阻止LDL氧化及抑制血小板在血管中活动的抗氧化剂。这些本分物质对人体血管保持血液畅通起着重要作用。

营养学家已证明在水果，蔬菜，红酒及茶叶等植物性食品中均含有此类天然的抗氧化苯酚复合物。

草莓堪称水果之中含抗氧化物之最，然而，巧克力的抗氧化物含量比草莓还高出八倍。

50克（一两）巧克力与150克（三两）上等红酒所含抗氧化物基本一致。

第十九节　人疲倦的化学原理

人为什么会疲倦？心理作用是产生疲倦的原因之一。激烈运动以后，情绪松弛下来，疲倦的感觉会立即出现。但是从化学的角度来看，疲倦与碳水化合物的代谢有密切关系。

人体里的细胞为了完成肌肉的收缩、神经冲动的传递等任务，需要高能量的化合物，如三磷酸腺苷（ATP）。这种高能量化合物的水解，是一种大量放热的反应。而在运动时，肌肉纤维收缩，加速细胞里的吸热反应。如果人体肌肉里所储存的ATP很快消耗掉，又来不及补充，人就感到疲倦。

再说，在激烈运动时，血液对肌肉所需要的氧气会供应不足，那么，肌肉细胞就必须调动葡萄糖的分解来产生能量。可是，葡萄糖分解的同时会形成乳酸，而乳酸会妨碍肌肉的运动，引起肌肉的疲劳。乳酸的积累会造成轻度的酸中毒，引起恶心、头痛等，增加疲倦的感觉。

肝脏对保持体力有重要作用。当人体内葡萄糖分解后，血液中的葡萄糖减少，肝脏里糖原发生分解，释放出葡萄糖，使血液保持一定的含糖量。同时，肝脏里一部分乳酸被氧化，产生二氧化碳排出体外，其余的转化为糖原。所以，在紧张运动后作深呼吸，增加供氧，促使乳酸氧化，可以减少疲倦。

第二十节　认识苏丹红

近段时间，有关含有"苏丹红一号"的食品的报道频繁见诸于各大媒体，但对于一些概念性的问题一直处于一种模模糊糊的状态中，我们综合了相关报道，

就有关问题为大家找到了答案。什么是苏丹红?

"苏丹红"并非食品添加剂,而是一种化学染色剂。它的化学成份中含有一种叫萘的化合物,该物质具有偶氮结构,由于这种化学结构的性质决定了它具有致癌性,对人体的肝肾器官具有明显的毒性作用。苏丹红属于化工染色剂,主要是用于石油、机油和其他的一些工业溶剂中,目的是使其增色,也用于鞋、地板等的增光。

"苏丹红一号"与"苏丹红四号"有什么区别?

苏丹红有Ⅰ、Ⅱ、Ⅲ、Ⅳ号四种,经毒理学研究表明,苏丹红具有致突变性和致癌性,苏丹红(一号)在人类肝细胞研究中显现可能致癌的特性,在我国禁止使用于食品中。

此次发现的"苏丹红四号"与"苏丹红一号"主体结构相同,均有致癌性,但存在个别差别,因此将它们标为一号与四号。

"苏丹红一号"型色素是一种红色染料,一种人造化学制剂,全球多数国家都禁止将其用于食品生产。这种色素常用于工业方面,比如溶解剂、机油、蜡和汽油增色以及鞋、地板等的增光。苏丹红(1号)在人类肝细胞研究中显现可能致癌的特性。但目前只是在老鼠实验中发现有致癌性,对人体的致癌性还没有明确。

"苏丹红"是食品添加剂吗?

我国对于食品添加剂有着严格的审批制度,我国从未批准将"苏丹红"染剂用于食品生产,此次的"苏丹红"事件类似于"吊白块"、"瘦肉精",都是食品生产企业违规在食品中加入非法添加物。

"胭脂红"、"落日黄"等食品添加剂与"苏丹红"有何区别?

一般市民虽然很难判定哪些食品含有苏丹红,但没有必要望"红"、"辣"生畏。除苏丹红外,可以食用的红色着色剂有上千种,如胭脂红、新红、苋菜红等,这些着色剂是可以在食品中限量添加的。质监专家表示,它们与"苏丹红"的性质有着本质区别,前两者都是列入国家目录的食品添加剂,可在部分食品中使用,但国家有严格的限量规定,严禁超量使用。在标准范围之内使用食品添加剂,没有安全问题。

为何"苏丹红"嗜辣?

青少年应该知道的化学知识

一位业内人士分析，之所以将作为化工原料的苏丹红添加到食品中，尤其使运用与辣椒产品加工当中：

一是，由于苏丹红用后不容易褪色，这样可以弥补辣椒放置久后变色的现象，保持辣椒鲜亮的色泽；

二是，一些企业将玉米等植物粉末用苏丹红染色后，混在辣椒粉种，以降低成本牟取利益。

"苏丹红"到底有何危害？

2004年6月14日，英国食品标准管理局就此前在超市一批新食品中发现含有潜在致癌物的苏丹红1号色素，向消费者和贸易机构发出了警示，禁用产品目录中的苏丹红1号。

2002年，研究人员发现它们能造成人类肝脏细胞的DNA突变。"苏丹红一号"进入生物体内后，不会很快导致患病。接触到能够导致癌症的物质也并不意味着癌症一定会发生。

英国癌症研究所的一位人员说，与诸如抽烟这样的常见致癌因素相比，"苏丹红一号"引发的癌症风险是很小的。她说："人们即使已经吃过列在清单上的食物，也大可不必因此而恐慌。"但按照欧共体的规定要求，进入任何欧共体国家的所有干的、碎的或研磨的辣椒，不能含有"苏丹红一号"。不能出示证明的相关货物将被扣留，以供采样和分析。口岸和地方政府也要随机提取样品进行检验。一旦发现食品中含有"苏丹红一号"，必须全部销毁。

苏丹红具有致突变性和致癌性，苏丹红（1号）在人类肝细胞研究中显现可能致癌的特性。但目前只是在老鼠实验中发现有致癌性，对人体的致癌性还没有明确。苏丹红是一种化工染色剂，在食品中添加的数量微乎其微，就剂量而言，未必足以致癌，市民不必过于恐慌。少量食用不可能致癌，即使食用半年，每次少量食用，引起癌症也没有明确的科学依据。市民不用因为吃了一点就担心致癌。

专家认为，"苏丹一号"虽然会增加食用者患癌症的风险，但目前无法确定一个安全度。

建议经常食用者检查肝部

研究表明，"苏丹红一号"具有致癌性，会导致鼠类患癌，它在人类肝细胞

研究中也显现出可能致癌的特性。由于这种被当成食用色素的染色剂只会缓慢影响食用者的健康，并不会快速致病，因此隐蔽性很强。

长期食用含"苏丹红"的食品，可能会使肝部DNA结构变化，导致肝部病症。

如何鉴别苏丹红？

有个简单易行的初步排除"苏丹红"的办法，如果市民怀疑某种着色剂可能是"苏丹红"，可以看它是否溶与水，易溶于水，易溶于有机溶剂如氯仿等。

第二十一节　如何给蔬菜去毒

日常生活中，我们食用的蔬菜有些自身存在一些毒性，如果处理得当，这些毒性就可以避免，不会危及到我们的健康，下面我们就生活中常见的几种蔬菜，说说如何给它们去毒吧：

鲜芸豆：又名四季豆、刀豆。鲜芸豆中含皂甙和血球凝集素，前者存于豆荚表皮，后者存于豆中。食生或半生不熟的都易中毒。芸豆中的有毒物质易溶于水中且不耐高温，熟透无毒。

秋扁豆：特别是经过霜打的鲜扁豆，含有大量的皂甙和血球凝集素。食前应加处理，沸水焯透或热油煸，直至变色熟透，方可食用。

鲜木耳：鲜木耳含有一种啉类光感物质。人食后，这种物质会随血液分布到人体表皮细胞中，受太阳照射后，可引发日光性皮炎，暴露皮肤易出现疼痒、水肿、疼痛，甚至发生局部坏死。这种物质还易被咽喉粘膜吸收，导致咽喉水肿。多食严重者，还会引起呼吸困难，甚至危及生命，而晒干后的木耳无毒。

鲜黄花菜：鲜黄花菜中含有一种叫秋水仙碱的有毒物质，食入后被胃酸氧化成二氧秋水仙碱。成人一次吃50～100克未经处理的鲜黄花菜便可中毒。但秋水仙碱易溶于水。遇热易分解，所以食前沸水焯过，清水中浸泡1～2小时，方可解毒。晒干的黄花菜无毒，可放心食用。

未腌透的咸菜：萝卜、雪里蕻、白菜等蔬菜中，含有一定数量的无毒硝酸盐。腌菜时由于温度渐高，放盐不足10%，腌制时间又不到8天，造成细菌大量繁殖，使无毒的硝酸盐还原成有毒亚硝酸盐。但咸菜腌制9天后，亚硝酸盐开始下降，15天以后则安全无毒。

青西红柿：未成熟的青西红柿中含有大量的生物碱，可被胃酸水解成番茄次碱，多食会出现恶心、呕吐等中毒症状。

久存南瓜：南瓜瓣含糖量较高，经久贮，瓜瓣自然进行无氧酵解，产生酒精，人食用经过化学变化了的南瓜会引起中毒。食用久贮南瓜时，要细心检查，散发有酒精味或已腐烂的切勿食用。

第二十二节　三聚氰胺是怎么冒充蛋白质的

三聚氰胺（melamine）是一种有机含氮杂环化合物，学名1，3，5-三嗪-2，4，6-三胺，或称为2，4，6-三氨基-1，3，5-三嗪，简称三胺、蜜胺、氰尿酰胺，是一种重要的化工原料，主要用途是与醛缩合，生成三聚氰胺-甲醛树脂，生产塑料，这种塑料不易着火、耐水、耐热、耐老化、耐电弧、耐化学腐蚀，有良好的绝缘性能和机械强度，是木材、涂料、造纸、纺织、皮革、电器等不可缺少的原料。它还可以用来做胶水和阻燃剂，部分亚洲国家，也被用来制造化肥。

看到这里，大家可能会疑问，明明是一种化工品，本来就跟食品没关系，跟蛋白质没关系，为啥跟蛋白质扯上关系了呢？

我们知道，食品工业中常常需要检查蛋白质含量，但是直接测量蛋白质含量技术上比较复杂，成本也比较高，不适合大范围推广，所以业界常常使用一种叫做"凯氏定氮法（Kjeldahl method）"的方法，通过食品中氮原子的含量来间接推算蛋白质的含量。也就是说，食品中氮原子含量越高，这蛋白质含量就越高。三聚氰胺的最大的特点是含氮量很高（66%），这样一来，这名不见经传的三聚氰胺的由于其分子中含氮原子比较多，于是就派上大用场了。加之其生产工艺简

单、成本很低，给了掺假、造假者极大地利益驱动，有人估算在植物蛋白粉和饲料中使蛋白质增加一个百分点，用三聚氰胺的花费只有真实蛋白原料的1/5。所以"增加"产品的表观蛋白质含量是添加三聚氰胺的主要原因，三聚氰胺作为一种白色结晶粉末，没有什么气味和味道，掺杂后不易被发现等也成了掺假、造假者心存侥幸的辅助原因。

三聚氰胺最早被中国的造假者用在家畜饲料生产中，饲料中添加了这玩意，仪器一检测，氮原子很多啊，一推算，蛋白质含量也很高，生产者顺理成章地就省下昂贵的蛋白粉开支了。三聚氰胺虽然有毒，但是牛羊体积都比较大，肾功能强，能顺利代谢毒素，吃了，好像也没啥死牛死羊的事情发生，于是也没人去关注。顺理成章，造假者扩大应用范围，顺便把三聚氰胺用于出口美国的宠物饲料中，当然不幸的是，猫狗等宠物体积比牛羊小多了，代谢能力差，这三聚氰胺的毒性的影响也就大了，结果毒死了猫狗，惊动了美国洋老太爷，最后三聚氰胺这种东西也进入美国的FDA的视线。

大家也许还还忘记2007年中国徐州一家出口美国猫狗食物的企业在宠物食品中添加三聚氰胺来冒充蛋白质导致中美关系轩然大波的事情吧？据说当时美国人发现三聚氰胺后百思不得其解，不知道为啥添加这玩意，还以为是老鼠药污染造成的。记得当时美国新闻媒体报道都是怀疑中国粮食仓库看管不严，造成老鼠药污染。后来终于有知情的中国人忍不住，偷偷告诉美国人这食品中添加三聚氰胺的奥秘，这高手云集的美国学术界这才恍然大悟，明白过来这复杂的高科技造假过程。

1994年国际化学品安全规划署和欧洲联盟委员会合编的《国际化学品安全手册》第三卷和国际化学品安全卡片也只说明：长期或反复大量摄入三聚氰胺可能对肾与膀胱产生影响，导致产生结石。

现在奶粉生产企业为了节省成本，在奶粉中添加廉价大豆蛋白粉来替代奶粉，这大豆蛋白粉本来也没啥大事，但是，恰恰这次里面被添加了伪造蛋白质的三聚氰胺这高科技玩意，于是最终制造出各种各样的婴儿奶粉中毒事件。当然，成人奶粉中肯定也添加了这种高科技玩意，因为成年人的代谢能力比婴儿强大得多，除了特殊的病人，自然也不会有中毒事件发生。另外，如果你想知道三聚氰胺这玩意在中国食品工业和饲料工业应用的广泛性，google一下"蛋白精"，看下结果就知道了。其实，现在还有比三聚氰胺更先进的造假产品，能"耐水洗化验"，能"抗氨氮反应"。总之一句话，你高科技的爷爷都检测不出来这是假的蛋白质。

频频出现的奶粉问题，从一个侧面，反映了中国严重的食品安全问题，我们现在究竟还剩下什么东西可以安全地吃进肚子里？三聚氰胺这个黑手，从最初的牛羊饲料市场开始蔓延，发展到今天，终于伸到了婴儿奶粉这个领域。我想数以亿计的中国人，不知不觉中，早已吃了好多年用三聚氰胺喂养出来的猪肉，牛肉，鸡肉，喝了很多年添加了三聚氰胺的成人奶粉，不知不觉中，都受到了三聚氰胺的污染。有没有谁做过三聚氰胺对人类健康长期影响吗？我想肯定还没有，因为谁都不会想到，一个国家几亿人，竟然会去吃这种跟食品风牛马不相及的塑料工业的原料。

第二十三节 生活中的60小常识

生活中有许多小窍门，只要你善于发现，善于积累，这些小窍门能帮助你解决许多的生活问题，下面是60个生活中常可以用到的小窍门：

1.吃了辣的东西，感觉就要被辣死了，就往嘴里放上少许盐，含一下，吐掉，漱下口，就不辣了；

2.牙齿黄，可以把花生嚼碎后含在嘴里，并刷牙三分钟，很有效；

3.若有小面积皮肤损伤或者烧伤、烫伤，抹上少许牙膏，可立即止血止痛；

4.经常装茶的杯子里面留下难看的茶渍，用牙膏洗之，非常干净；

5.仰头点眼药水时微微张嘴，这样眼睛就不会乱眨了；

6.嘴里有溃疡，就用维生素C贴在溃疡处，等它溶化后溃疡基本就好了；

7.眼睛进了小灰尘，闭上眼睛用力咳嗽几下，灰尘就会自己出来；

8.洗完脸后，用手指沾些细盐在鼻头两侧轻轻按摩，然后再用清水冲洗，黑头和粉刺就会清除干净，毛细孔也会变小；

9.刚刚被蚊子咬完时，涂上肥皂就不会痒了；

10.假如嗓子、牙龈发炎了，在晚上把西瓜切成小块，沾着盐吃，记得一定要是晚上，当时症状就会减轻，第二天就好了；

11.吹风机对着标签吹，等吹到商标的胶热了，就可以很轻易的把标签撕下来；

12.旅行带衣服时假如怕压起褶皱，可以把每件衣服都卷成卷；

13.打嗝时就喝点醋，立杆见影；

14.吃了有异味的东西，如大蒜、臭豆腐，吃几颗花生米就好了；

15.治疗咳嗽，非常是干咳，晚上睡觉前，用纯芝麻香油煎鸡蛋，油放稍多些，什么调味料都不要放，趁热吃过就去睡觉，连吃几天效果很明显；

16.手腕长粗的MM想带较细的手镯，就不能硬带，应把手上套上一个塑料袋再带上手镯，非常好带，也不会把手弄疼，取下也是同样的方法；

17.栗子皮难剥，先把外壳剥掉，再把它放进微波炉转一下，拿出后趁热一搓，皮就掉了；

18.插花时，在水里滴上一滴洗洁精，可以维持好几天；

19.把核桃放进锅里蒸十分钟，取出放在凉水里再砸开，就能取出完整的桃核仁了；

20.把虾仁放进碗里，加一点精盐、食用碱粉，用手抓搓一会儿后用清水浸泡，然后再用清水冲洗，即能使炒出的虾仁透明如水晶，爽嫩可口；

21.炒肉时，先把肉用小苏打水浸泡十几分钟，倒掉水，再入味，炒出来会很嫩滑；

22.将残茶叶浸入水中数天后，浇在植物根部，可促进植物生长；

23.把残茶叶晒干，放到厕所或者沟渠里燃熏，可消除恶臭，具有驱除蚊子苍蝇的功能；

24.夹生饭重煮法：可用筷子在饭内扎些直通锅底的孔，洒入少许黄酒重焖，

25.若只表面夹生，只要将表层翻到中间再焖即可；

26.巧除纱窗油腻：将洗衣服、吸烟剩下的烟头一起放在水里，待溶解后，拿来擦玻璃窗、纱窗，效果真不错；

27.只要在珠宝盒中放上一节小小的粉笔，即可让首饰常保光泽；

青少年应该知道的化学知识

28.桌子、瓶子表面的不干胶痕迹用风油精可以擦拭;

29.出门时随时在包里带一节小的干电池,若裙子带静电,就把电池的正极在裙子上面擦几下即可去掉静电;

30.不管是鞋子的哪个地方磨到了你的脚,你就在鞋子磨脚的地方涂一点点白酒,保证就不磨脚了;

31.亨调蔬菜时,假如必须要焯,焯好菜的水最好尽量利用。如做水饺的菜,焯好的水可适量放在肉馅里,这样既保证营养,又使水饺馅味美有汤;

32.夏天足部轻易出汗,天天用淡盐水泡脚可有效应对汗脚;

33.夏天游泳后晒晒太阳,可防肌肤劳损等疾病发生;

34.夏天枕头易受潮滋生霉菌,时常曝晒枕芯有利健康;

35.多吃薏米小豆粥等潮湿健脾,可防暑湿;

36.防失眠:睡前少讲太多话,忌饮浓茶,睡前勿大用脑,可用热水加醋洗脚;

37.金银花有疏散风湿功效,金银花水煎取汁凉后与蜂蜜冲调可解暑;

38.吃过于肥腻的食物后喝茶,能刺激自律神经,促进脂肪代谢;

39.睡眠不足会变笨,一天需要睡眠八小时,有午睡习惯可延缓衰老;

40.双手易变得干燥粗糙,用醋泡手十分钟可护肤;

41.夏天擦拭凉席,用滴加了花露水的清水擦拭凉席,可使凉席保持清爽洁净。当然,擦拭时最好沿着凉席纹路进行,以便花露水渗透到凉席的纹路缝隙,这样清凉舒适的感觉会更持久;

42.早餐多食西红柿、柠檬酸等酸性蔬菜和水果,有益于养肝;

43.爽身止痒洗头或洗澡时,在水中加五六滴花露水,能起到很好的清凉除菌、祛痱止痒作用;

44.葡萄含有睡眠辅助激素,常食有助睡眠;

45.夏天多喝番茄汤既可获得养料,又能补充水分,番茄汤应烧好并冷却后再喝,所含番茄红素有一定的抗前列腺癌和保护心肌的功效,最适合于男子;吃酸性物质马上刷牙会损害牙齿健康;

46.因外伤碰破皮肉时,在伤处涂上牙膏进行消炎、止血,再包扎,作为临时急救药,以药物牙膏效果最为显著;

47.将白醋喷洒在菜板上，放上半小时后再洗，不但能杀菌，还能除味；

48.喝酸奶能解酒后烦躁，酸奶能保护胃黏膜、延缓酒精吸收，并且含钙丰富，对缓解酒后烦躁尤其有效；

49.皮鞋皮包放久了发霉时，可用软布蘸酒精加水（1：1）溶液擦拭即可；

50.发生头痛、头晕时，可在太阳穴涂上牙膏，因为牙膏含有薄荷脑、丁香油可镇痛；

51.蜡烛冷冻二十四小时后，再插到生日蛋糕上，点燃时不会流下烛油；

52.白色衣裤洗后易泛黄，可取一盆清水，滴上二三滴蓝墨水，将洗过的衣裤在浸泡一刻钟，不必拧干，就放在太阳下晒，即可雪白干净；

53.过多食用生葱蒜会刺激口腔肠胃，不利健康，最好加一点醋再食用；

54.及时补充水分但应少喝果汁、可乐、雪碧、汽水等饮料，含有较多的糖精和电解质，喝多了会对肠胃产生不良刺激，影响消化和食欲。因此夏天应多喝白开水或淡盐（糖）水；

55.天天早晨用豆腐摩擦面部几分钟，坚持一个月，面部会变得很滋润；

56.空调室内温差不宜超过五度，即使天气再热，空调室内温度也不宜到24度以下；

57.加酶洗衣粉剂放在温水中需要较长的分解时间才能使洗衣效果更佳；

58.夏天，人的活动时间变长，出汗多，耗能过大，应适当多吃鸡、鸭、瘦肉、鱼类、蛋类等营养食品，以满足人体的代谢需要；

59.头痛时把苹果磨成泥状涂在纱布上，贴在头痛处，症状可减轻；

60.皮包上有污渍，可以用棉花蘸风油精擦拭。

第二十四节　食品添加剂

食品添加剂是指为改善食品品质、色、香、味以及防腐和加工工艺的需要加入食品中的化学合成物质或者天然物质。

食品添加剂按其来源分为天然与合成两类，天然食品添加剂主要来自动、植物组织或微生物的代谢产物。人工合成食品添加剂是通过化学手段使元素和化合物产生一系列化学反应而制成。在现阶段天然食品添加剂的品种较少，价格较高，人工合成食品添加剂的品种比较齐全，价格低，使用量较小，但其毒性后者大于前者，特别是合成食品添加剂质量不纯混有有害杂质，或用量过大时容易造成对机体的危害。故目前食品添加剂偏重于向天然食品添加剂发展，使用天然、人工混合食品添加剂以弥补各自的不足。食品添加剂按其用途分为：防腐剂、抗氧化剂、发色剂、漂白剂、调味剂、凝固剂、疏松剂、增稠剂、消泡剂、甜味剂、着色剂、乳化剂、品质改良剂、拮抗剂、增味剂、保鲜剂、酶制剂、被膜剂、香料、营养强化剂及其它等类。

　　近年来，由于各种化学物质对食品的污染已成社会性问题，人们对食品加工过程中所应当使用的添加剂也担心起来。有些食品生产厂家为迎合消费者的心理，竟在广告或标签的醒目处印有"本产品不含防腐剂、色素"，甚至还有的以"本产品绝对不含任何食品添加剂"，来标榜自己的产品安全无害。其实，大可不必，因为食品添加剂并未禁止使用。

　　恰恰相反，随着食品工业的现代化，食品添加剂的研制和应用越来越广泛，据统计，全世界目前约有一万多种。我国允许使用的食品添加剂有20类884个品种，并且每年都有不少新的品种被批准使用。我国食品添加剂的范围及作用包括以下几个方面：

　　一是为了改进食品风味，提高感官性能引起食欲。如松软绵甜的面包和糕点就是添加剂发酵粉的作用；

　　二是为了防止腐败变质，确保食用者的安全与健康，减少食品中毒的现象。实验表明，不加防腐剂的食品的品质显然比加防腐剂的食品的品质要差得多。如食品在气温较高的环境里保管不当时，即使想在短时间不变质也是不可能的，可以说无防腐剂的食品不安全因素反而加大；

　　三是满足生产工艺的需要，例如制作豆腐必须使用凝固剂；

　　四是为了提高食品的营养价值，如氨基酸、维生素、矿物质等强化剂。

　　人们几乎每天都有可能摄入食品添加剂，那么，天长日久对人体的健康是否会造成危害呢？我国食品添加剂联合专家委员会在批准使用新的添加剂之前，首先要考虑它的安全性，搞清楚它的来源，并进行动物试验。经过科学试验证明，

确实没有蓄积毒性，才能批准投产使用，并严格规定其安全剂量。这是指人们一旦摄入该化学物后，对健康没有任何不良反应的剂量。假如该食品添加剂在动物试验中发生问题，则被淘汰。

防腐剂能抑制食品微生物生长和繁殖，延长食品的保存时间。我国目前允许使用的防腐剂有苯甲酸、山梨酸、乳酸链球菌素、二氧化硫、焦亚硫酸钾、钠等13种。苯甲酸和山梨酸在饮料中常用。苯甲酸进入人体后，在生物转化过程中，形成葡萄糖苷酸，并全部从尿中排出体外，不在人体内蓄积。可以认为苯甲酸是已知防腐剂中比较安全的一种。山梨酸是一种不饱和脂肪酸，在体内可以直接参与脂肪代谢，最后被氧化为二氧化碳和水，因此几乎没有毒性，是各国普遍使用的一种较安全的防腐剂。

食用色素分为两大类，即食用天然色素与食用合成色素。天然色素是直接来自植物组织的色素，使用的范围主要是糕点、糖果、饮料、蜜饯等，有13个品种用量可以不加限制，按生产需要使用。合成色系以煤焦油为原料制成，有些可能具有毒性，但由于它成本低廉，色泽鲜艳，着色力强，色彩多样，故仍然被广泛地应用。我国允许使用的合成色素有10个品种，使用的范围为果味水果味粉、果子露、汽水、配制酒、糖果、糕点上彩装、红绿丝、罐头、浓缩果汁等。

对于食品添加剂，专家指出"剂量决定危害"。比如食盐也是一种食品添加剂，谁都知道它是人体不可或缺的一种元素，但如果一次性大剂量的食用食盐的话，也有可能造成人的急性致死。据了解，各种食品添加剂能否使用、使用范围和最大使用量，各国都有严格规定并受法律制约。在使用食品添加剂以前，相关部门都会对添加成分进行严格的质量指标及安全性的检测。

大量例证表明，发生食品安全问题与添加剂有关，往往出在食品加工销售环节。有统计显示，几乎每一次食品抽检，防腐剂（包括苯甲酸、苯甲酸钠等34种）都会出现问题。中央电视台每周质量报告中的"四川泡菜"就是一个颇为典型的例子。加工泡菜的工人透露，他们在泡菜中的保鲜剂（苯甲酸钠）使用量居然是0.3%。而根据国家标准，泡菜的加工过程中，苯甲酸钠的用量不得超过万分之五，这家厂的用量超标了6倍之多。据分析，造成防腐剂过量使用，有的是厂家缺乏食品安全意识，根本不顾添加剂的用量问题，有的则是厂家设备简单陈

青少年应该知道的化学知识

旧：缺乏精确的计量设备，不能控制使用量，很容易出现超标的情况。还有一些厂家没有相关的先进设备，在添加防腐剂时常常出现搅拌不均匀的情况，这样也会造成产品中防腐剂含量过高。

那么过量食用添加剂对健康有何影响呢？过量地摄入防腐剂有可能会使人患上癌症，虽然在短期内一般不会有很明显的病状产生，但是一旦致癌物质进入食物链，循环反复、长期累积，不仅影响食用者本身健康，对下一代的健康也有不小的危害。摄入过量色素则会造成人体毒素沉积，对神经系统、消化系统等都会造成伤害。

第二十五节　首饰钻石的鉴别

透视试验——将具有圆钻型切工的宝石擦净，台面朝下，放在一张画有一条线的白纸上，透过宝石观察纸上的线可初步判断宝石是否为钻石。若为标准圆钻型切工的钻石，透过钻石看不到纸上的线（人造钛酸锶、合成金红石同钻石相似没有透视效应）。而绝大部分仿制品由于折射率不同，都有足够的光线漏出亭部刻面，透视观察可以看到纸上的线的一部分。

亮度强弱估测——宝石冠部的外反射和经内部全反射折射出光量的能力，称为亮度。将钻石及其仿制品放置于同一光源的同一环境下台面朝上观察，切工精细的标准圆钻型钻石，几乎所有从冠部进入的光线都从冠部反射出来，显示出极强的亮度。而仿制品其折射率和切工均同钻石存在差异，从冠部进入的光线会不同程度地从亭部漏掉，从而使亮度降低。

油性试验——用一支油基墨水的特制笔或圆珠笔，在钻石的台面划一条线，则会留下一条不间断直线。而其他的仿制品不具有亲油性，在划线处留下断续的点线。

水滴试验将钻石及仿制品的台面擦干净，各滴一小滴水珠，观察水珠保持的时间和轮廓。在钻石上水珠将很长时间保持球形，而仿制品上的水滴则会在相对短的时间内散开。

哈气试验——将待测样品和已知钻石样品一同放在玻璃上，对着它们哈气，观察雾气消失情况。钻石上的雾气很快消失，而仿制品上的雾气要消失的慢。

感觉试验——在室温下用舌尖接触钻石及其仿制品时，钻石比仿制品要凉得多。

仪器鉴别

放大检测——在放大镜或宝石显微镜下观察。（一）钻石除极高品质外，一般都含有少量微细矿物包裹体。常见的包裹体有：黑色的石墨、棕色的尖晶石、红色的铬尖晶石、镁铝榴石、无色的橄榄石等30多种。（二）由于钻石的稀少和珍贵及高硬度，对钻石的切磨是相当讲究的，钻石的切割比例、冠部、亭部角度、都是经过计算得出的。钻石的台面及小刻面是平直的，没有屈曲的现象。棱、角是笔直而锐利的，三条或三条以上的棱严格地交于一点，而仿制品由于硬度低，切工差，棱和角往往是圆滑的。（三）钻石极高的硬度使它很不易被磨损，即使磨损也只局限在个别小刻面的棱和角。而仿制品由于硬度低，小面棱被磨损后往往比较毛糙。

热导仪测试——热导仪可以快速、简便、准确地将钻石及其仿制品区分开，尤其是对于镶嵌钻石首饰的鉴别意义更大。不同的物质对热的传导性不同，钻石的导热性是宝石中最好的（导热率为1000～2600W/m℃）。将热导仪的探笔头部接触样品，接通电源，依据热电偶上热量传出的速度，由发光二极管显示发亮的数目或液晶屏显示的文字，即可知道钻石的真伪。

反射仪测试——反射仪与热导仪的优缺点正好互补，即热导仪上易混淆的宝石可以在反射仪上明显区分，而反射仪上特征相似的宝石则可通过热导仪明显区分。

X射线荧光仪测试——X射线在宝石鉴定中的应用相当重要。X射线属于高能射线，会造成宝石晶格损伤，改变宝石颜色，一般情况下不采用这种鉴定方法。

电子天平或其他衡器——用电子天平或其他衡器测试裸钻及仿制品的密度是区分它们十分有效而简易的方法。钻石的密度（3.529克/每立方厘米）与绝大多数的仿制品的密度相差较大，仅天然黄玉的密度（3.56克/每立方厘米）同钻石相似。

青少年应该知道的化学知识

钻石与仿制品的区别

钻石与天然无色宝石的区分——与钻石最相似的宝石是锆石，因为无色锆石也具有较大的折光率和色散，加工好的锆石也有光芒四射的外表，因而是钻石最好的天然代用品之一。钻石与锆石的区别其实也很简单。钻石是等轴晶系的宝石，没有偏光性和双折射，而锆石则有偏光性和很大的双折射率，从其冠部向下看其亭部的面棱，会发现一条棱变成了二条即出现"双影"现象，而钻石绝对仍是一条棱。另外利用硬度法也易区分。只需将要鉴定的宝石刻划一颗合成的蓝宝石即可知，如能划出痕的则是钻石，如打滑、划不动的则不是钻石。其他的天然无色宝石，由于折光率往往较小，因而即使切磨很好，也很难有"光芒四射"和"五彩宾纷"的外表。钻石的折光率是2.42，已超出一般折光仪的读数范围，而一般的宝石，如无色黄玉、水晶等很容易测出其折光率（如其他特征与钻石相似时，一般不测定折光率，以免划伤折光仪）。另外，一般宝石的加工往往不严格，经常会发生漏光现象，而稍大一点的钻石（如30分以上），由于其价值贵重，加工往往严格，一般不会漏光。

钻石与人造仿钻石的区分——另一类与钻石最像的赝品是立方氧化锆，简称CZ。因为这种合成宝石最早是苏联人研制的，又极像钻石，很多人都称之为"苏联钻"（值得注意的是，有的顾客认为苏联的钻石都是假的，其实苏联也是天然钻石的资源大国）。立方氧化锆属等轴晶系，硬度高达8.5，折光率和色散也很大，加工好的"苏联钻"也具有火光闪闪的诱人外貌，有时其"美"甚至超过一般加工较差的天然钻石。要区分天然钻石与其他的人造仿钻石并不困难。（一）所有的人造合成品的硬度都低于9，对于未镶宝石，用刻划硬度的方法即可区分，能刻划合成蓝宝石的就是钻石，反之则不是钻石。用这种方法也可有效区分一些表面镀膜的玻璃仿制品。（二）一般人造代用品的颜色都很"白"、很干净，而天然钻石除了一些96色和VVS以上的高档品外，大多带些黄色调及可见一些"缺陷"。（三）合成代用品的硬度较低、价钱便宜，因而加工粗糙，磨出的宝石常会"漏光"、出现"毛边"或边棱圆化等现象。

钻石与人造钻石、改色钻石、夹层钻石的区分——第三类赝品是人造钻石，它和天然钻石往往具有几乎完全相同的物理性质，如硬度、折光率、色散等，仅凭感官无法区分它们，较简单的区分是合成钻石内通常含有一些金属矿物包裹

体，会有"磁性"，而天然钻石则没有磁性。方法是：在麦克风前放上磁铁，将钻石在麦克风前快速移劲，合成钻石会产生微小的声音，表明有磁性。钻石的改色是本世纪初"镭"的放射性被发现以后的事。颜色好的彩钻比无色钻更有价值，因而促进了将浅褐色或微黄色钻石改成彩色钻石技术的发展，区分天然与改色彩钻已成为必要。从人工彩钻（由辐射或高能加速器轰击产生）的台面向下观察，会出现伞状的一些色圈或暗影，吸收光谱中会有594nm的特征吸收线。另外，其荧光、放射性及导电性与天然彩钻也有一定的区别。夹层钻石主要是因原料形状特殊，工匠往往将两粒本来较小的钻石"拼合"加工成一颗较大的钻石，而有些是用钻石做顶，水晶或无色合成刚玉做底来做成一颗二层"钻石"，并且在镶嵌时用"金爪"或"金边"将底层挡住，蒙骗顾客。对这类钻石可用放大镜仔细观察其腰部是否有胶合界面，往往可见一些小的气泡和胶，或在钻石内部某个层面上可感到有一层雾状物。如果宝石是未镶嵌的，则放入二碘甲烷或清水中观察，效果会更好。

钻石与镀膜钻石的区分——第四类赝品，镀膜钻石可能将会是市场上最为先进的仿制品，它是高压与化学蒸汽沉积法相结合而生产的，这种合成钻石成本低、条件简单。当这种合成钻石镀膜厚度大于10微米，用"热导仪"测定时，它具有与天然钻石相似的反应。但这种代用品还是有缺陷的，一是镀膜表面为细小钻石多晶体，一般呈灰蒙蒙的外观。二是镀膜钻石的比重与天然钻石不同，这是鉴定的关键。

第二十六节　为什么切开的苹果会变色

当苹果削好皮或切开后放置一会儿，切口面的颜色就会由浅变深，最后变成色。

发生色变反应主要是这些植物体内存在着酚类化合物。例如：多元酚类、儿茶酚等。酚类化合物易被氧化成醌类化合物，即发生变色反应变成黄色，随着反应的量的增加颜色就逐渐加深，最后变成深褐色。氧化反应的发生是由于与空气

青少年应该知道的化学知识

中氧的接触和细胞中酚氧化酶的释放。

在组织没有损伤之前，酚氧化酶存在于细胞器中，不能与酚类化合物接触，而空气中的氧更没法进入，因而不发生氧化变色反应。当细胞组织受损伤以后，酚氧化酶就被释放出来与酚类化合物接触，催化酚类化合物的氧化，再加上空气中氧的作用，就会发生变色反应。其中多元酚类能直接被氧化成醌类化合物而变色。而儿茶酚分子则在酚氧化酶的作用下发生聚合。两个儿茶酚分子连接在一起，形成儿茶酚二聚体，二聚体又可以两两相接，形成四聚体。单个的儿茶酚分子及其二聚体和四聚体都是没有颜色的，但是儿茶酚四聚体可以形成多聚体，而多聚体是紫色的。所以多聚体形成得越多，切口面的颜色就会越深。

苹果变色以后，所含的维生素C会减少，影响营养价值。为了防止切开后的苹果变色，可以不让它与空气接触，最好的办法是把苹果泡在盐水里。

在苹果的切面上滴点柠檬汁，不但不变色，还能保持原来的风味。另外一些容易变色的水果也可仿此方法处理，效果俱佳！

第二十七节 味精与鲜味

在厨房里味精是调味品中不可缺少的重要角色，它和"鲜"字紧密相连。其实味精的历史不长，从发现至今还不到百年，和源远流长的油、盐、酱、醋、酒等调味品相比，味精只能算是个蹒跚学步的幼儿。

1908年的一天，日本东京大学化学教授池田菊苗先生正在进食晚餐，喝了夫人做的汤觉得格外鲜美，惊问夫人是什么汤，回答是海带黄瓜汤。敏锐的池田猜测一定是海带中所含的某种物质所致，他饭未吃完就将剩余的海带带进了实验室，经过多次反复的化学分析，他发现海带中含有一种叫谷氨酸钠的物质，是它使菜汤变得美味可口。经过一年多不懈的工作，他提取了谷氨酸钠还获得专利。以后池田教授用小麦、大豆为原料来制取谷氨酸钠，并投入工业化生产，正式向市场推出取名为"味之素"的商品，不久立即风靡日本乃至世

界。

二十世纪初，在中国不少地方也可看到大幅日本"味之素"广告。当时我国有位叫吴蕴初的化学工程师，对这种白色很鲜的粉末产生了极大兴趣。他买了一瓶进行分析研究，得知它的化学成份是谷氨酸钠，于是下决心制出中国自己的味之素。他凭着顽强的毅力和学识，经过一年多的试验，提炼出10克白粉似的晶体一尝和日产味之素味道相同，喜获成功。吴蕴初受当时已有的"香水精"、"糖精"名称的启示，将这种很鲜的物质取名"味精"，从此中国也有了国产的味之素。味精味道鲜美，吴蕴初形容它只有天上的庖厨才能烹调出来，因此将和张崇新合资办的生产味精的工厂取名为"天厨味精厂"。该厂则建于1923年，生产"佛手牌"味精，"天厨"和"佛手"两者十分协调。推出的商品广告词也短小精悍，颇具特色，"天厨味精、鲜美绝伦"、"质地净素、庖厨必备"、"完全国货"，味精生意顿时打开局面，遍销全国经久不衰。1939年又在香港建味精分厂，"佛手牌"味精敢和日货竞争高低，不仅畅销东南亚各国还打入了美国市场。成为化学实业家的吴蕴初搏得了一个"味精大王"的称号，为旧中国民族工商业争了口气。

味精又叫味素，化学学名（谷氨酸钠，分子式C5H8NO4Na，是左旋谷氨酸的一钠盐，呈白色晶体或结晶性粉末，含一分子结晶水，无气味，易溶于水微溶于乙醇，无吸湿性，对光稳定，中性条件下水溶液加热也不分解，一般情况下无毒性；有肉类鲜味，是商品味精的主要成份，也用作医药品。（谷氨酸钠制成的针剂，在临床上静脉滴注可以治疗肝昏迷）

作为调味品的市售味精，为干燥颗粒或粉末，因含一定量的食盐而稍有吸湿性，贮放应密闭防潮。商品味精中的谷氨酸钠含量分别有90%、80%、70%、60%等不同规格，以80%最为常见，其余为精盐，食盐起助鲜作用兼作填充剂。市场也有不含盐的颗粒较大的"结晶味精"。

烹调中味精用量要适当，一般浓度不超过千分之五，多了反而不鲜。味精略呈碱性，不宜在碱性条件下使用，这样会生成似咸非咸，似涩非涩的谷氨酸二钠，鲜味降低。味精也不宜在高温下使用，150℃失去结晶水，210℃发生吡咯烷酮化生成有害的焦谷氨酸盐，达到熔点270℃左右则分解。在pH值小于5的酸性或碱性条件下加热，味精也会发生吡咯烷酮化，使鲜度下降。味精使用适宜温度为

56 青少年应该知道的化学知识

80℃左右，最高不超过120℃，宜在弱酸或中性条件下使用，一般在食用之前添加，这样效果最佳。

味精能被吸收、进入体内能参与合成人体所需要的蛋白质，可刺激食欲促进消化，但不宜多食，每人每日摄入量不超过6克为妥。过多食用会使血液中谷氨酸含量升高，影响人体对新陈代谢必需的二价钙、镁阳离子的利用，造成短时间的头痛、心跳、恶心等症状，婴幼儿宜少食。

味精早期生产是利用蛋白质水解法制取。将面粉制成含蛋白质较多的面筋，或用豆饼加盐酸溶液加热，使蛋白质完全水解生成含谷氨酸的溶液，再浓缩使之结晶。谷氨酸本身稍有酸性鲜味不大，要制成钠盐才能提高鲜度。将粗谷氨酸晶体溶解在水中，再用碱中和成为钠盐，并用活性炭脱去色素等杂质，再浓缩结晶即可得纯度在99%以上的谷氨酸钠。每百斤面粉可得5～6斤产品。水解法制味精粮食利用率低、劳动环境差、设备腐蚀严重，以后逐渐被淘汰。

五十年代起人们采用糖和氮肥（硫铵、氨水、尿素等）为原料，利用细菌发酵法制谷氨酸。该法卫生又经济，每百斤糖可制谷氨酸五十多斤，因而迅速推广成为目前生产味精的主要方法。生产时将糖，养分、尿素等配成培养液，经高温蒸汽消毒杀菌，冷却后再接种纯种的细菌（有小球菌、芽孢杆菌、放线菌、杆菌等种类）。在人工控制的适宜条件下，用空气压缩机向培养液中吹入无菌空气，并不断搅动使细菌大量繁殖。细菌先将糖转变为酮戊二酸（$C_5H_6O_5$），再通过菌体内酶的作用，使酮戊二酸和氨结合生成谷氨酸（$C_5H_9O_4N$），细菌能使大部份的糖和尿素转变为谷氨酸。将发酵后含谷氨酸的液体，过滤除菌再加入盐酸使之沉淀出来，再经重结晶可得较纯的谷氨酸，再用来生产味精。发酵法还可综合利用制糖工业残留的废糖蜜，如甜菜制糖的糖蜜每百斤可生产味精约23斤。

众所周知用鸡、鸭、鱼、肉制作的菜肴味道鲜美，是因为它们含有丰富的蛋白质。蛋白质由各种各样的氨基酸（通式$H_2N·R·COOH$）组成，不少氨基酸味道很鲜。肉类食物烹调煮熟后，蛋白质分解为各种氨基酸，这就是鲜味的来源。蔬菜中蛋白质含量少，菜汤自然不如肉、鱼汤鲜。蟹、螺、蛤汤鲜是含有琥珀酸钠（丁二酸钠$C_4H_4Na_2O_4$）的缘故。

调味品中酱油鲜是含有谷氨酸等多种氨基酸的原因，味精鲜是因为它是谷氨

酸的钠盐。味精虽鲜但山外有山楼外有楼，还有比它更鲜的物质。倘若将99%以上的谷氨酸钠的鲜度定为100°，那么叫5-肌苷酸钠的鲜度可达4000°，这是在六十年代兴起的鲜味剂。它又名肌苷-5′-磷酸二钠，分子式$C_{10}H_{11}O_8N_4PNa_2$含5~7.5分子结晶水，是用淀粉糖化液经肌苷菌发酵后逐步制得。这种无色或白色结晶溶于水，不溶于乙醇、乙醚，其水溶液对热稳定，安全性高，增强风味的效率是味精的20倍以上，可添加在酱油、味精之中。在市场上看到的"强力味精"、"加鲜味精"就是由88~95%的味精和12~5%的5-肌苷酸钠组成，鲜度在130°之上。

蘑菇、香蕈这类真菌植物无论是炒吃还是做汤，味道均非常鲜美，本世纪初味精问世之后，日本科学家一度对蘑菇鲜味产生原因进行了研究。经分析其中含有一种叫"乌苷酸"的物质，比味之素要鲜百倍，当时未能制造成功。后来科学家从香蕈中提取了"5-乌苷酸钠"，测得其鲜度高达16000°，到六十年代日本首先制造成功，于是在日本市场上又率先推出了"特鲜味之素"。5-乌苷酸钠又名乌苷-5-磷酸二钠，分子式$C_{10}H_{12}O_8N_5PNa_2$为白色至无色晶体成白色结晶性粉末，含4~7分子结晶水，无气味，溶于水不溶于乙醇、乙醚、丙酮，作调味品比肌苷酸钠鲜数倍，有香蘑菇鲜味。乌苷酸钠和适量味精在一起会发生"协同作用"，可比普通味精鲜100多倍，在普通味精中掺上少量的乌苷酸钠就成为"特鲜味精"，八十年代初在我国市场上也出现了"特鲜味精"。

前些年人们又制造出了新的超鲜质，一种名叫a-甲基呋喃肌苷酸（$C_{15}H_{18}O_9N_4P$）的物质诞生了，它甚至比味精要鲜600多倍，即鲜度要达到60000°，可谓是当今世界鲜味之最了。看来随着科学技术的不断发展，作为万物之灵的人类在吃的方面也是"口福不浅"。

第二十八节　洗衣皂、香皂、药皂

提起肥皂，我们就会想起黄色的洗衣皂、红色的药皂、以及五颜六色的香皂。它们都是肥皂，从制造的原料和生产的原理来看是相同的，都是利用动物油、植物油和碱为原料经皂化反应制成的。

香皂和洗衣皂的不同点是：对原料的要求不同。生产洗衣皂是各种动、植物油和氢化油，一般不用经过复杂的精制处理，为了降低成本，在配方中往往还加入肥皂总量的10～20%的松香。生产香皂是牛油、羊油和椰子油，制皂以前要特别经过碱炼、脱色、脱臭的精制处理，使之成为无色、无臭的纯净油酯，在配方中只加少量的松香。洗衣皂的生产工艺更加简单，制造成本比香皂低得多，加工香皂的工序多，而且复杂；洗衣皂不加香精或只加少量便宜的香精，借以遮盖一部分不愉快的气味，香皂的芬芳气息，是因为在加工过程中加入了1～1.5%的香精，有的高档的香皂加入的香精量更多。洗衣皂一般不加着色剂；香皂常加入着色剂，使它具有鲜艳的颜色，博得人们的喜爱。

药皂和洗衣皂的不同点是：药皂在皂基中加入了各种不同的药物，药物成分能使皂体发软，所以必须选用含高级脂肪酸的固体油脂作为皂基。药皂的种类很多：有治疗疥疮的硫磺皂；有具有消毒作用的硼酸皂、石炭酸皂等等。

洗衣皂由于含碱量高，因而只适于洗涤一般衣服用。香皂含碱量低，香气浓郁诱人，可用来洗澡、洗脸、洗发等。药皂杀菌力强，可以用来洗澡、洗手、洗涤病人衣服或做其它消毒性的洗涤之用，但是因为它们有刺激性，使用时应注意防止皂液渗入眼内。

第二十九节　腌菜的酸味是怎么产生的

冬天，许多人都要做些腌菜、咸菜，这些菜除了清脆可口以外，还略带酸味，能刺激食欲。

为什么腌菜会有一股酸味呢？

原来在空气中经常有许多微生物，象流浪汉一样到处流浪。其中有一个叫乳酸菌，另一个叫酵母菌，当它们一降落到腌菜缸里，就会定居下来。

当腌菜缸中的盐水较浓时，这些小家伙是活不成的，如果盐水的浓度降低到3～4%左右时，就正对乳酸菌的"胃口"，乳酸菌就会大量的繁殖起来。

在缺氧的坛内，特别有利于它的繁殖，因为乳酸菌是怕氧的。乳酸菌在生

长过程中，会使一部分糖类物质转变成乳酸，因为这种酸最初是在酸牛乳中发现的，所以叫乳酸。至于酵母菌也会使蔬菜中的一些糖类分解成乳酸和醋酸。乳酸和醋酸的味道都是挺酸的，怪不得有的腌菜吃起来是酸溜溜的。

也许你不会想到，腌菜中的那股酸味，在保护菜中的维生素C这一点上，还有不小的功劳哩。

原来维生素C有股怪脾气：它在碱性溶液中，最容易遭到破坏的，怪不得人们说，煮食物不要放碱。在中性溶液中也不大稳定，唯有在酸性条件下，它却变得相当稳定。番茄煮熟以后，还能有很多维生素C，就是因为番茄中含有不少有机酸的缘故。

腌菜的那股酸味，还有一个妙用，就是它使得很多其他的细菌"望而生畏"，不敢在里面捣乱。

为了使乳酸菌能很好的生长，取过腌菜以后，必须仍旧把菜压紧，否则腌菜暴露在空气中，怕氧的乳酸菌很容易死掉，这时候霉菌就会趁虚而入，使腌菜变质。

第三十节　夏天需要注意的化学小常识

夏天一到，胃口不好又容易吃坏肚子，但这个时候偏偏又是人体力消耗大、需要加强营养的时候。那么，夏天应该怎么吃得清爽又健康呢？这里也同时提醒你夏天常见的饮食陷阱，让你避免肥胖，轻松享有窈窕身材。

夏天为何吃不下？

夏天，很多人的胃口会不好，常常是"无病三分虚"，消化功能降低，且易产生精神疲惫、食欲不振、口苦苔腻、胸腹胀闷、体重减轻等"夏"的症象。有些人还易发生胃肠道疾患。

温度高：日本营养师手冢文荣在《大口吃出健康》中指出，气温每增高摄氏10度，身体平均就会减少70卡的需要量，夏天身体所需热量降低，使人不觉得饥饿。

脱水现象：空调房里感受不到水分蒸发，因此水分摄取少，可是肠胃组织已经轻微脱水，而影响食欲。喝太多含糖饮料：夏天容易口渴，有些人习惯猛灌含糖饮料，偏偏"糖"是天然的食欲抑制剂，糖分可以很快被血液吸收，会让人一下子觉得饱了，因此就吃不下形成恶性循环。

自我调理摆脱"苦夏"

要避免"苦夏"这种情况，一个好的办法就是做好饮食调节，恢复身体元气。

注意补充盐分和维生素

营养学家建议，高温季节最好每人每天补充维生素B1、B2各2毫克，维生素C50毫克，钙1克，这样可减少体内糖类和组织蛋白的消耗，有益于健康。也可多吃一些富含上述营养成分的食物，如西瓜、黄瓜、番茄、豆类及其制品、动物肝肾、虾皮等，亦可饮用一些果汁。

勿忘补钾

暑天出汗多，随汗液流失的钾离子也比较多，由此造成的低血钾现象，会引起人体倦怠无力、头昏头痛、食欲不振、中暑等症候。热天防止缺钾最有效的方法是多吃含钾食物，新鲜蔬菜和水果中含有较多的钾，可多吃些草莓、杏子、荔枝、桃子、李子等；蔬菜中有大葱、芹菜、毛豆等也富含钾。茶叶中亦含有较多的钾，热天多饮茶，既可消暑，又能补钾，可谓一举两得。

勿暴饮暴食，少食冷饮

夏季暑热，肠胃功能受其影响而减弱，因此在饮食方面，就要调配好，有助于脾胃功能的增强。细粮与粗粮要适当搭配吃，一个星期应吃餐粗粮，稀与干要适当安排。夏季以二稀一干为宜，早上吃面食、豆浆，中餐吃干饭，晚上吃粥。热时适当吃一些冷饮或饮料可起到一定的祛暑降温作用。但雪糕、冰砖等多用牛奶、蛋粉、糖等制成，不可食之过多。大部分饮料的营养价值不高，也少饮为好。

清补为佳

夏季尤其是脾虚者，应采取益气滋阴、健脾养胃、清暑化湿的"清补"原则，饮食调养宜选用新鲜可口、性质平和、易于消化、补而不腻的各类食品。"清补"当忌辛辣生火助阳和肥甘油腻生痰助湿类食品，但并非禁忌荤食。阴虚

体弱者在安排膳食时，可以选食瘦猪肉、鸭肉、兔肉、白斩鸡、咸鸭蛋、清蒸鲜鱼等富含优质蛋白质的食品，以增加蛋白质的摄取量。

勾起食欲小技巧

中医专家、营养保健师都认为，夏日可以多吃些清热解毒的食物。

苦瓜：现代医学发现，苦瓜内有一种活性蛋白质，能有效地促使体内免疫细胞去杀灭癌细胞，具有一定的抗癌作用。苦瓜含有类似胰岛素的物质，有显著降低血糖的作用，被营养学家和医学家推荐作为糖尿病患者的理想食品。苦瓜既可凉拌又能肉炒、烧鱼，清嫩爽口，别具风味。

绿豆：绿豆性味甘寒，入心、胃经，具有清热解毒、消暑利尿之功效。《本草纲目》里记载：用绿豆煮食，可消肿下气、清热解毒、消暑解渴、调和五脏、安精神、补元气、滋润皮肤；绿豆粉解诸毒、治疮肿、疗烫伤；绿豆皮解热毒、退目翳；绿豆芽可解酒、解毒。但要注意的是，绿豆不宜煮得过烂，以免使有机酸和维生素遭到破坏，降低清热解毒功效。又因绿豆性凉，脾胃虚弱的人不宜多食。

西瓜：常吃些西瓜可减少患食道癌的危险；西瓜汁中所含的蛋白酶，能把不溶性的蛋白质转化为可溶性的蛋白质，从而增加肾炎病人的营养，故西瓜是肾脏病人的良药。西瓜皮还是很好的美容剂，用西瓜皮擦面部皮肤，再用清水洗，能增加皮肤弹性，减少皱纹，增添光泽。

第三十一节　消防小知识答疑解惑

懂一些消防知识在生活中也会有很大的用途，它可以使我们明辨是非，远离危险，也可以丰富自己的生活经验，下面咱们就来给你答疑解惑：

1.什么是化学危险物品？

化学危险物品是指具有易燃、易爆、腐蚀、毒害、放射性等危险性质，并在一定条件下能引起燃烧、爆炸和导致人受伤、死亡等事故的化学物品及放射性物品。化学危险物品目前约有6000余种，常见、用途较广的有近2000种左右。

青少年应该知道的化学知识

2.我国化学危险物品如何分类？

为了在生产、储存、运输、使用中便于对化学危险物品进行管理，我国将化学危险物品分成十大类，分别是爆炸物品、氧化剂、压缩气体和液化气体、自燃物品、遇水燃烧物品、易燃液体、易燃固体、毒害物品、腐蚀物品、放射性物品。

3.什么是爆炸物品？

凡是受到摩擦、撞击、震动、高热或其他因素激发，能产生激烈的化学变化，在极短时间内放出大量的热和气体，同时伴有光、声等效应的物品，统称为爆炸物品。

4.爆炸物品如何分类？

爆炸物品的分类方法很多，常见的是按性质和用途将爆炸物品分为四类：分别是点火器材（如导火索、拉火管等）、起爆器材（如导爆索和雷管等）、炸药和爆炸性药品、其他爆炸物品（如爆竹等）。

5.什么是爆炸物品的敏感度？

任何一种炸药的爆炸，都需要外界供给它一定能量——起爆能。不同的炸药所需的起爆能也不同，某一炸药所需的最小起爆能即为该炸药的敏感度。起爆能同敏感度成反比，起爆能越小，则敏感度越高，敏感度是确定炸药爆炸危险性的一个重要标志。爆炸物品的敏感度同它的爆炸危险性成正比，敏感度越高，则爆炸危险性越大。不同的炸药对不同形式的外界作用，其敏感度是不同的。

6.影响爆炸物品敏感度的因素有哪些？

影响爆炸物品敏感度的因素很多，而不同爆炸物品的化学组成与结构却是决定性的内在因素。另外，还有影响炸药敏感度的外来因素，如温度、杂质、水分、结晶、密度等。

7.为什么爆炸物品具有极强的破坏力？

爆炸物品之所以有极强的破坏力，其原因有三个：一是爆炸时的反应速度极快，爆炸能量会在极短时间内放出，产生强大的爆炸功率；二是爆炸时能产生大

量的热，引燃可燃物品；三是爆炸时能产生大量气体，产生较大冲击波。

8.爆炸物品爆炸与可燃气体混合物爆炸为什么不同？

爆炸物品爆炸与可燃气体混合物爆炸不同，主要有以下特点：一是爆炸的反应速度不同，爆炸物品的爆炸反应速度极快，通常在万分之一秒以内即可完成；二是产生的热量不同，爆炸物品爆炸能产生大量的热量；三是产生的气体量不同，爆炸物品爆炸能产生大量的气体。

9.爆炸物品的储存有哪些要求？

爆炸物品的储存要求很多，不同类型的爆炸物品储存要求不同，但都应遵守以下原则：一是爆炸物品必须专库储存、专人保管；二是起爆药、起爆器材与炸药、爆炸性药品、发射药、烟火药不得混储；三是爆炸物品仓库必须限量储存，要按照先进先出的原则以防物品变质；四是严禁摔、滚、翻、掷、抛以及拖拉、摩擦、撞击，防止引起爆炸；五是加强检查，仓内应无异味、烟雾，仓温应正常，包装完整；六是严格管理，贯彻"五双管理制度"（即双人保管、双人收发、双人领料、双本账、双锁）。

10.爆炸物品的运输有哪些要求？

爆炸物品运输应遵守的要求很多，主要有以下几个：一是爆炸物品应专人专车运输，并随同押运人员；二是起爆药、起爆器材与炸药、爆炸性药品、发射药、烟火药不得混运；三是必须轻装轻卸，严禁摩擦、撞击，防止引起爆炸；四是运输时须经公安机关批准，凭准运证方可起运；五是起运时包装要完整，装车要稳妥，装车高度不可超过栏板，不得与酸、碱、油或其他危险物品混装。

11.为什么爆炸物品起火不能用砂土压盖？

爆炸物品着火后，还不一定能引起爆炸，如人们用砂土压盖后，物品着火产生的烟气就无法散发，使内部造成一定的压力，极易引起爆炸物品爆炸。

12.爆炸物品着火为什么可用雾状水流扑救且效果好？

爆炸物品着火用大量雾状水流进行扑救，不仅可以达到降低火场温度、扑灭火灾的目的，还可以不断地使爆炸物品吸入大量的水分，降低其敏感度并逐步失

青少年应该知道的化学知识

去爆炸能力。所以，爆炸物品着火用大量雾状水流扑救效果较好，但要防止用直流高压水流直射爆炸物品，防止引起冲击后使爆炸物品爆炸。

第三十二节　修正液使用不当会爆炸

　　修正液是一种常用的文具，不少学生在使用。然而，很多人不曾想到，普通的修正液，如果使用不当，也有爆炸伤人的危险。最近，鄞州区横溪镇就发生了这样一起事故。

　　据鄞州工商分局昨天发布信息称，他们最近接到一起消费投诉。投诉者是横溪镇一苟姓学生的家长。据该家长称，今年5月份，他12岁的儿子在当地一家文具店内购买了一瓶某品牌修正液。这瓶修正液开始时一直使用正常。但在8月10日，苟某做作业时，拿出修正液修改作业，发现没有液体流出，有凝固迹象。便从家里取出打火机，对修正液瓶子进行烘烤，以为可以通过烘烤把修正液重新熔化。结果，只听得"呼"一声，从瓶嘴里喷出一团烈火，当场把小苟的脸和胸部烧伤。小苟痛得大喊"救命"，急送医院后，医生诊断告知，虽然烧伤程度不是很深，但属于化学物品烧伤，日后很有可能会留疤痕。

　　事后，小苟的父亲向当地工商部门投诉，认为是修正液的产品质量不合格造成了意外。鄞州工商部门当即对此事展开了调查，结果发现，该修正液产品是中国驰名商标，并且文具店进货渠道正规，不存在产品质量问题，此次意外是由于当事人自己操作不当而造成的。

　　有关工商人员昨天指出，修正液这商品虽说也被归入文具类，其内部成分却存在较多易燃易爆化学物质，消费者使用时一定要防止其接触火苗和高温。尤其是孩子使用时，家长一定要向孩子告诫此事。

第三十三节　油条中有哪些化学原理

油条是我国传统的大众化食品之一，它不仅价格低廉，而且香脆可口，老少皆宜。

油条的历史非常悠久。我国古代的油条叫做"寒具"。唐朝诗人刘禹锡在一首关于寒具的诗中是这样描写油条的形状和制作过程的："纤手搓来玉数寻，碧油煎出嫩黄深；夜来春睡无轻重，压匾佳人缠臂金"。

这首诗把油条描绘得何等形象化啊！

可当你们吃到香脆可口的油条时，是否想到油条制作过程中的化学知识呢？

先来看看油条的制作过程：首先是发面，即用鲜酵母或老面（酵面）与面粉一起加水揉和，使面团发酵到一定程度后，再加入适量纯碱、食盐和明矾进行揉和，然后切成厚1厘米，长10厘米左右的条状物，把每两条上下叠好，用窄木条在中间压一下，旋转后拉长放入热油锅里去炸，使膨胀成一根又松、又脆、又黄、又香的油条。

发酵过程中，由于酵母菌在面团里繁殖分泌酵素（主要是分泌糖化酶和酒化酶），使一小部分淀粉变成葡萄糖，又由葡萄糖变成乙醇，并产生二氧化碳气体，同时，还会产生一些有机酸类，这些有机酸与乙醇作用生成有香味的酯类。

反应产生的二氧化碳气体使面团产生许多小孔并且膨胀起来。有机酸的存在，就会使面团有酸味，加入纯碱，就是要把多余的有机酸中和掉，并能产生二氧化碳气体，使面团进一步膨胀起来；同时，纯碱溶于水发生水解；后经热油锅一炸；由于有二氧化碳生成，使炸出的油条更加疏松。

从上面的反应中，我们也许会担心，在油条时不是剩下了氢氧化钠吗？含有如此强碱的油条，吃起来怎能可口呢？然而其巧妙之处也就在这里。当面团里出现游离的氢氧化钠时，原料中的明矾就立即跟它发生了反应，使游离的氢氧化钠经成了氢氧化铝。氢氧化铝的凝胶液或干燥凝胶，在医疗上用作抗酸药，能中和胃酸、保护溃疡面，用于治疗胃酸过多症、胃溃疡和十二指肠溃疡等。常见的治胃病药"胃舒平"的主要成分就是氢氧化铝，因此，有的中医处方中谈到：油条对胃酸有抑制作用，并且对某些胃病的一定的疗效。

第三十四节　游泳池中的魔术

在德国曾发生了一件有趣的事。一位染有淡黄色头发的学生在热天跳入游泳池。过了一会儿，人们吃惊地看到，从水中站起来一位满头绿发的青年。化学家对此作了解释：这是染发颜料与水中的氯发生了化学反应。

化学造福于人类，有时也会对我们开玩笑，甚至恶作剧。它可以让可口的食物变臭，让一堆煤自燃，让光亮的铁器生锈斑，它不过想提醒人们，在日常生活中别忘了它的存在。

第二章 化学与技术

第一节 布可以用石头织成吗

自古以来，人们用来织布的，通常只有两种原料：一种是植物纤维，就是棉花和苎麻等，它们可以织成各种棉布和织物；另一种是动物纤维，那就是蚕丝和毛等，可以组成美丽的丝绸和呢绒。可是在科学技术发展的情况下，增加了人造纤维等新的品种，特别是近年来增加了一种新的纺织原料，它既不是植物，也不是动物，而是毫无生命力的矿物，也就是最普通的石头。

用石头制成玻璃纤维，再织成布，叫玻璃布。由于它具有耐高温、耐潮湿、耐腐蚀等许多特性，因此它越来越多地在电气、化工、航空、冶金、橡胶、机械、建筑、轻工业等部门，代替原来所用的棉布和绸缎呢绒。

棉花织布是先将棉花的纤维纺成纱，然后经纬交叉，织成了布。

我们已经知道了石头制玻璃的过程。石头织布也可以说是石头制玻璃的发展呢！因为石头织布首先是将砂岩和石灰石等轧碎，放到窑炉里，再加进纯碱等原料，用高温把它们熔化成液体，然后把它拉成玻璃纤维，再纺纱织成布。

玻璃是很坚硬而又很脆弱的东西，可是它拉成丝后，它却变得很坚韧的了。玻璃丝越细，它的挠度和拉力就越大，在现代科学技术中，不但用玻璃丝织成玻璃布，还用玻璃丝来增强玻璃制品和塑料制品的牢度，就像在混凝土里放入钢筋一样。玻璃纤维，今天已应用到最新的通信技术——光通信上面去了。有一种叫做"玻璃纤维管镜"，是用上千根玻璃纤维制成的管子，每根纤维直径只有千分之一毫米，能反射光线，使它沿着管子通过。把它装在照相机上，可以拐弯照相。

第二节　茶锈是怎么产生的

当泡茶的时候，茶壶和茶杯用了一段时间以后，里面常常会"长"出一层棕红色的不太容易洗掉的茶锈。

茶锈是什么？它是从哪里来的呢？

当你把茶叶放送茶壶，冲入沸开水，稍等一会儿，一壶芬芳可口的茶就泡好了。也许你没有想到，从茶叶中逐渐溶解到水中去的化学成分，竟有好几十种呢！譬如：使茶具有涩味的成分是鞣质，使茶发出特殊芳香味的是挥发油；喝了茶会有兴奋和利尿作用的咖啡碱和茶碱；绿茶呈现绿色，这是含有叶绿素的缘故，红茶显出红色，那是茶黄素和其他色素引起；另外，茶中还含有好几种维生素、糖类，还有多种无机盐。而使茶壶、茶杯出现茶锈，主要是鞣质搞的把戏。

鞣质是一种复杂的酚类有机物，能溶于水，特别是沸水。当你吃不太熟的柿子时，舌头常会涩得发麻，这就是鞣质在捉弄你。不成熟的水果，菱、藕以及许多中草药里，都含有鞣质。不过不同来源的鞣质，它们的化学结构并不完全一样，味道也各不相同。茶叶鞣质的味道先涩后甘，许多人都特别欣赏这种味道呢！

鞣质是一个性格不太安定的家伙，当它和空气中的氧"会面"时，它就会热情的和氧交上朋友，把氧原子拉进自己的身体里来，使自己氧化而变成暗色，所以茶水放置后颜色总是慢慢变深。另外，鞣质分子之间也会发生缩合、脱水等化学变化，使自己的"个子"变得更大，生成一种叫鞣酐的化合物，鞣酐是一种难溶于水的红色或棕色物质，当它慢慢从茶叶中沉淀出来的时候，总喜欢依附在茶壶和茶杯的内壁上，日子一久，就看到茶壶和茶杯里"长"了一层棕红色的茶锈。

要除去茶锈是不难的，你只要将茶壶茶杯中的水倒去，用一支旧牙刷挤上一段牙膏，在茶壶和茶杯中来回擦刷，由于牙膏中既有去污剂，又有极细的摩擦剂，很容易将茶锈擦去而又不损伤壶杯。擦过之后再用清水冲洗一下，茶壶和茶杯就又变得明亮如新了。

第三节　醋在生活中的妙用

醋是日常生活中常用的调味剂，它约含3%～5%的乙酸，除了调味品外，醋还有许多用途：

1.煮排骨时、炖骨头或烧鱼时加点醋，不但能将骨头里的钙、磷、铁等溶解在汤里从而被人体吸收，而且还能保护食物中的维生素免被破坏。

2.烧马铃薯或牛肉时，加点醋，易烧酥。

3.老母鸡的肉不易煮烂，如灌点醋再杀，肉就容易煮烂。

4.喝点醋，能预防痢疾和流行性感冒。

5.喝点醋，能醒酒。

6.鱼骨梗喉，吞几口醋，可使骨刺酥软，顺利咽下。

7.发面时，如多加了碱，可加些醋来中和，这样蒸出的馒头就不会变黄变苦。

8.切过生鱼、生肉的菜刀，再加点醋抹一下，可除腥味。

9.理发吹风前，在头发上喷一点醋，吹烫的发式能长久保持。

10.洗头发时，在水中加一点醋，可以防止脱发，并使头发乌黑发亮。

11.洗涤有色布料时，在水中加一点醋，不易掉色。

第四节　甘油的妙用

冬天气候寒冷、干燥，手和脸部的皮肤容易皲裂，如果涂擦一些甘油呢，可以保持皮肤滋润。但是不能使用纯的甘油，因为它具有吸湿性，能吸收表皮的水分，从而使皮肤更易干裂。如果以4/5体积甘油与1/5体积水混合后再涂擦皮肤，就可以起到护肤的作用。

第五节　固体酒精是怎样制成的

火锅用餐的，以及野外作业和旅游野餐者，常使用固体酒精作燃料。固体酒精是将工业酒精（乙醇）中加入凝固剂使之成为胶冻状。使用时用一根火柴即可点燃，燃烧时无烟尘、无毒、无异味，火焰温度均匀，温度可达到600℃左右。每250g可以燃烧1.5小时以上。比使用电炉、酒精炉都节省、方便、安全。因此，是一种理想的方便燃料。

固体酒精的配制也很方便。在一个容器内先装入75g水，加热至60℃～80℃，加入125g酒精，再加入90g硬脂酸，搅拌均匀。在另一个容器中，加入75g水，加入20g氢氧化钠，搅拌，使之溶解，将配制的氢氧化钠溶液倒入盛有酒精、硬脂酸和石蜡混合物的容器中，再加入125g酒精，搅匀，趁热灌注成型的模具中，冷却后即成为固体酒精燃料。

第六节 几种常见的化学武器

化学武器是以毒剂杀伤人畜、毁坏植物的各种武器、器材的总称，包括装有毒剂的炮弹、航弹、火箭弹、导弹、地雷以及飞机布洒器、毒烟施放器材等。而化学毒剂则是化学武器的基础，按其毒害作用大致可分为7类——神经性毒剂、糜烂性毒剂、全身中毒性毒剂、失能性毒剂、窒息性毒剂、刺激性毒剂、植物除莠剂。其中刺激性毒剂被许多国家作为警用控暴剂。这些毒剂虽然被发现的历史并不算长，但却在战争中时常被人使用，更因其巨大的杀伤破坏力而让人"谈化色变"。

初露凶相：光气、双光气

光气的学名叫二氯碳酰，是一种无色、有烂干草味的气体，由英国化学家戴维首先于1812年合成，由于当时是采用一氧化碳与氯气在强光照射下合成，因而得名"光气"。双光气的学名叫氯甲酸三氯甲酯，是一种无色易流动的油状液体，味臭同光气，在光气之后发展成制式毒剂。光气和双光气的毒性、毒理使用类似。人员在4~5升毒气中，一分钟内即可致死；轻度中毒时，人会感到胸闷、头晕、恶心、眼疼，严重时可出现肺水肿，以至死亡。在第一次世界大战中，德军对英军首先使用了装有光气和氯气的钢瓶，开创了现代毒气应用于战场的先河。虽然这种毒剂较为陈旧，但由于其生产容易、造价低廉，所以迄今仍未淘汰。

"毒剂之王"：芥子气

芥子气在纯液态时是一种略带甜味的无色油状液体，但工业品呈黄色或深褐色，并有芥末味。1822年，德斯普雷兹发现了芥子气。1886年，德国的梅耶首先人工合成成功。他发明的合成方法至今仍是芥子气最重要的合成方法之一。芥子气可以使皮肤红肿、起泡、溃烂，正常气候条件下，仅0.2毫克/升的浓度就可使人受到毒害。在神经性毒剂出现之前，它有"毒剂王"之称，是世界上贮量较大也是化学扩散最严重的一种毒剂。在第一次世界大战中，各交战国共生产芥子气1.35万吨，其中1.2万吨用于实战。当时身为巴伐利亚步兵班长、后来成为德国法西斯头子的阿道夫?希特勒曾被英军的芥子气炮弹毒伤，眼睛曾一度失明。而此

次齐齐哈尔"84"中毒事件的罪魁正是这位"毒剂之王"——芥子气。

"死亡之露"：路易氏气

路易氏气在纯液态时是无色、无臭味液体，其工业品有强烈的天竺葵味，是一种氯乙烯二氯砷化合物。1918年春，由美国人路易士上尉等人发现，并被建议用于军事，因此得名。路易氏气与芥子气不同。它作用迅速，没有潜伏期，可使眼睛、皮肤感到疼痛，吸入后能引起全身中毒，在20世纪20年代有"死亡之露"之称，但它综合战术性能不如芥子气，生产成本也较高，所以一般只与芥子气结合使用。

昔日黄花：塔崩

塔崩学名为二甲基氰磷酸辣乙酯，是一种具有水果香味的无色液体，工业品有苦杏仁异味。1936年，德国的格哈德·施拉德博士首次合成了塔崩，而他本人在次年初轻微中毒，成为塔崩的最早受害者。塔崩虽然优于氢氰酸、光气等老式毒剂，可是由于其战术性能不及沙林，毒性只是沙林的1/3，因此目前属于逐渐淘汰的毒剂。

据外刊报道，在两伊战争中，伊拉克首次将塔崩较大规模地用于实战。1981年1~11月，伊拉克军队曾向伊朗军队阵地发射了塔崩炮弹，造成了人员伤亡。

万毒之王：沙林

沙林是一种无色、纯液态时无臭的水样液体，化学名称为甲氟磷酸异丙酯，同样是由德国的施拉德博士于1938年发现的。沙林是最典型的速杀性、暂时性毒剂，毒性比氢氰酸大10~15倍。人员中毒后，会出现缩瞳、视觉模糊、流涎、气喘、肌颤等症状；严重时，呼吸困难、意识消失，直至死亡。该毒剂是目前美国等一些国家的主要装备毒剂，已实现二元化。

据悉，在两伊战争中，伊拉克军队于1984年2月在对马季农岛的伊朗军队多次反攻无效后，使用了沙林，造成伊朗军队化学伤亡2700多人，其中1700多人死亡。震惊世界的东京地铁中毒案的"杀手"也是沙林。

笑里藏刀：梭曼

梭曼是具有微弱水果香味的无色液体，挥发度中等，化学名称为甲氟磷酸异乙酯。1944年，德国诺贝尔奖金获得者理查德·库恩博士首次合成了梭曼，但未及生产，苏军就占领了工厂。以后，苏军根据所缴获的设备和资料，于20世纪50

74

青少年应该知道的化学知识

年代装备了梭曼弹药。梭曼的毒性比沙林大3倍左右。据有关资料记载，人若吸入几口高浓度的梭曼蒸气后，在一分钟之内即可致死，中毒症状与沙林相似。

据有关报道，1980年1月中旬，入侵阿富汗的前苏联空军在阿东部法扎巴德和贾拉拉巴德两个城镇附近以及塔哈尔和巴米亚两省，向穆斯林游击队使用了梭曼，使这些人呕吐、窒息、失明、瘫痪和死亡。

"仁慈魔鬼"：毕兹

毕兹是一种白色固体粉末，学名为二苯羟乙酸-3-喹咛酯，属失能性毒剂。现代失能剂的概念是由英国人黑尔于1915年首先提出的，美国则争先对失能剂开展了广泛的研究工作。毕兹主要通过呼吸道中毒，症状以中枢神经系统功能紊乱为主。越战中美军曾多次使用毕兹，并把它们称作"仁慈"的武器。据有关资料记载，当时有许多越军官兵中毒失能后又被美军用刺刀残忍地捅死。

第七节　您会鉴别衣料吗

每当购置一块衣料或者是添置一件新衣服后，你一定很想自己鉴别它是什么类型的纺织品吧？其实这并不困难。只要从衣料角上各抽几条经纬线，用火柴点燃并观察其灰烬、闻其气味就可以正确判断。

要是纤维在点燃后会边熔融边徐徐燃烧，灰烬以呈亮棕色硬玻璃状并有呛鼻子的特殊气味放出，便可确认是锦纶（尼龙）织品。因为锦纶的化学成分是聚酰胺，其灰烬为亮棕色硬玻璃状，受热后又会分解放出特殊的氨化物气体都是这种化学成分固有的性质。

对苯二甲酸乙二酯在燃烧时会冒黑烟，灰烬呈黑褐色玻璃球状，同时又会分解放出具有芳香烃气味的气体。"的确良"的化学成分是聚酯，主要是对苯二甲酸乙二酯，所以布料的经纬线燃烧会产生上述现象时便可确认是"的确良"制品。

要是布料的纤维燃烧后无灰烬而燃烧残留部分呈透明球状，同时又会出现一股明显的石蜡燃烧气味，则是聚丙烯特有的性质。因此即可证实布料是聚丙烯为原料的丙纶织品。

聚氯乙烯燃烧的特征是：先收缩熔融，难以点燃，灰烬呈不规则块状并放出的刺激性气味的氯气。布料纤维燃烧出现上述现象便可确认是由聚氯乙烯为主要成分的氯纶织品。棉布是天然纤维织品，这类织品的经纬线被点燃时易燃，灰烬呈灰色且量少、质软，并有燃烧纸的那种味道。而毛织品纤维在燃烧时呈熔化收缩状，燃烧缓慢，灰烬呈黑色且具脆性，同时燃烧时又会放出一股较为强烈的烧焦羽毛似的气味，则是所有毛织品的特色。

第八节　烹饪中的化学技巧

平时的烹饪，你是否遇见过一些难题？下面我们就平时生活中会遇见的一些问题给一些小的技巧，让你轻松解决生活难题。

1.让骨头汤的营养更易吸收

周末休息的时候，是否想过为家人煮一锅香喷喷的温暖心灵的骨头汤呢？上乘的骨头汤不仅味美，而且极具营养成分。既可以帮助孩子长高，也可以帮助老人强健骨质。

让骨头汤的营养更容易吸收，就需要一点小小的尝试：介绍一个小窍门跟您！如果能够在汤里加少许的醋，还会使骨头里的磷、钙溶解在汤内，这样煲的汤不仅味道更鲜美，而且更有利于人体吸收。

2.巧剥西红柿皮

西红柿炒鸡蛋，那种酸酸滑滑的感觉实在令人胃口打开，可是惟有一点不足之处就是西红柿的皮经过烹炒之后，就像塑料皮一样，卷在盘子里，既不美观有不好吃！那么如何以最简便的方法将西红柿的皮去掉呢？

其实非常简单——用开水在西红柿上一浇。不管怎么说，这样做之后西红柿的皮会很容易被剥落。

3.利用胡萝卜巧去血渍

沾染上血渍的衣服如果扔掉实在可惜，有什么办法可以让沾染上血渍的衣服重见天日呢？

有一个办法简单的不得了：食盐与砸碎的胡萝卜混合搅拌，涂在衣物沾染的血迹上，再用清水洗净，血迹即掉。相信这个办法公布以后，那些沾染上血渍的衣服一定会大大的庆贺一番，主题就是：人类太聪明了——总会在制造问题之后立刻解决问题。

4.巧妇煮饭熬粥妙法

蒸米饭、熬米粥是每个主妇都能胜任的厨艺，但如果能用更短的时间，更少的能源将它们做得更好，我们为什么不试试呢？

（1）蒸米饭：将淘洗好的米放入水中浸泡，这样米质会相应变软，当然浸泡时间越长，米质就会越松软。因此，也大大缩短了米饭的蒸煮时间。用这样的方法蒸出来的米饭不易糊锅，也不会夹生，口感松软而且味道香馨。

（2）熬米粥：在煮粥的前一晚，将淘洗好的适量的米倒入灌满开水的暖水瓶，盖紧瓶盖。然后就可以等到第二天早餐，直接打开暖水瓶，享用香喷喷的米粥啦！

（注：要根据水量酌情放入适量的米）

以上两种方法不仅节能，还将主妇们从厨房中解放出来奠定了的基础。

5.牛奶的"吸星大法"

居家过日子，时间长了，家具里难免会有生活的气息与味道，自家人倒也无妨，可是遇到熟人上门拜访，这种异味却会令大家都很尴尬。

怎样迅速祛除家具中的异味呢？在家具中放一杯煮开的牛奶，如果你没有足够的耐心在家里等待牛奶发挥它的"吸星大法"魔力功效，那就可以把门关紧，出外逛街或遛一弯儿。等奶凉后再回家把家具门打开，取出牛奶，家具中的异味就会消除。

6.如何洗掉蔬菜上的农药

蔬菜上残留大量的农药，如果不清洗干净的话，长期食用，对人们的身体损害是非常大的。道理其实大家都知道，可是有谁能够在洗菜的时候戴上显微镜呢？洗不干净菜，心里总是别扭的！要不就放一些洗涤灵，可是洗不干净洗涤灵又该怎么办呢？总不能放弃吃蔬菜的自由吧？无奈，于是现代人们总会以"眼不

见为净"的至理名言来自我安慰一翻。

现在介绍一个办法：在一脸盆水中加入二匙小苏打，然后将蔬菜浸泡其中五至十五分钟，再用清水冲洗数次，就可洗去蔬菜上的农药，来吧！放心的食用新鲜蔬菜吧！

7.用柠檬清洗饮水机

饮水机加柠檬巧去垢！饮水机用久了，里面有一层白色的渣，取一新鲜柠檬，切半，去籽，放进饮水机内煮二三个小时，可去除水垢。

柠檬是属于芸香科长绿小乔木，拉丁种名为Citrus limon。其果实淡黄色，嫩叶和花带紫红色，主要为榨汁用，果实有时也用做烹饪，但基本不用作鲜食，因为太酸。果实中含5%的柠檬酸。每升柠檬汁中含501.6毫克的维生素C和49.88克的柠檬酸。

8.热水瓶除水垢

可往瓶胆中倒点食醋，盖紧盖子，轻轻摇晃后，放置半小时，再用清水洗净，水垢即除。

78

第九节 汽水中的化学

夏季，人们总爱喝汽水，打开瓶盖便看到气泡沸腾，喝进肚中不久便有气体涌出，顿有清凉之感，这是什么气体呢？这就是二氧化碳气体。

人们在制汽水时常用小苏打（碳酸氢钠）和柠檬酸配制，当把小苏打与柠檬酸混溶于水中后它们之间发生反应，生成二氧化碳气体，而瓶子已塞紧，二氧化碳被迫呆在水中，当瓶塞打开后，外面压力小了，二氧化碳气体便从水中逸出，可以见到气泡翻腾，人们喝进汽水后，胃中温度高，胃又来不及吸收二氧化碳，于是便从口中排出，这样带走热量，使人觉得清凉。

青少年应该知道的化学知识

第十节　巧防衣服褪色

1.用直接染料染制的条格布或标准布，一般颜色的附着力比较差，洗涤时最好在水里加少许食盐，先把衣服在溶液里浸泡10～15分钟后再洗，可以防止或减少褪色。

2.用硫化燃料染制的蓝布，一般颜色的附着力比较强，但耐磨性比较差。因此，最好先在洗涤剂里浸泡15分钟，用手轻轻搓洗，再用清水漂洗。不要用搓板搓，免得布丝发白。

3.用氧化燃料染制的青布，一般染色比较牢固，有光泽，但遇到煤气等还原气体容易泛绿。所以，不要把洗好的青布衣服放在炉院婵尽

但颜色一般附着在棉纱表面。所以，穿用这类色布要防止摩擦，避免棉纱的白色露出来，造成严重的褪色、泛白现象。

第十一节　让指纹无处藏身

指纹的鉴别在破案中有极其重要的作用，怎样才能让罪犯的指纹显现，抓获罪犯呢？我们可以利用所学的化学知识来帮助破案，方法有：

一、碘蒸气法：用碘蒸气熏，由于碘能溶解在指纹印上的油脂之中，而能显示指纹。这种方法能检测出数月之前的指纹。

二、硝酸银溶液法：向指纹印上喷硝酸银溶液，指纹印上的氯化钠就会转化成氯化银不溶物。经过日光照射，氯化银分解出银细粒，就会象照相馆片那样显示棕黑色的指纹，这是刑侦中常用方法。这种方法可检测出更长时间之前的指纹。

三、有机显色法：因指纹印中含有多种氨基酸成份，因此采用一种叫二氢茚三酮的试剂，利用它跟氨基酸反应产生紫色物质，就能检测出指纹。这种方法可检出一、二年前的指纹。

四、激光检测法：用激光照射指纹印显示出指纹。这种方法可检测出长达五年前的指纹

第十二节　如何去掉口中的大蒜味

生活中，不少人都很怕吃大蒜，因为每次吃完，嘴里都会有一股蒜臭味，久久不散。其实，我们身边一些常见的东西，都是大蒜味的"克星"，您不妨一试。

牛奶：吃大蒜后的口气难闻，喝一杯牛奶，大蒜臭味即可消除。该方法的原理是牛奶里的蛋白质能够和产生蒜味的元素结合，从而去除蒜味。

柠檬：性酸，味微苦，具有生津、止渴、祛暑的功效。可在一杯沸水里，加入一些薄荷，同时加上一些新鲜柠檬汁饮用，可去口臭。

柚子：性酸，味寒，可治纳少、口淡，去胃中恶气，解酒毒，消除饮酒后口中异味，有消食健脾、芳香除臭的功效。取新鲜柚子去皮食肉，细细嚼服。

金橘：性辛，味甘，具有理气解郁、化痰醒酒的功效。对口臭伴胸闷食滞很有效，可取新鲜金橘5～6枚，洗净嚼服。本方具有芳香通窍、顺气健脾的功效。

蜂蜜：蜂蜜1匙，温开水1小杯冲服，每日晨起空腹即饮。蜂蜜具有润肠通腑、化消去腐的功效，对便秘引起的口臭颇有效。

山楂：性酸，味微甘平，有散瘀消积、清胃、除口酸臭的功效。取山楂30枚，文火煨黄、煮汤，加冰糖少量，每次1小碗。

茶叶：性苦，味寒，有止渴、清神、消食、除烦去腻的功效。用浓茶漱口或口嚼茶叶可除口臭。对进食大蒜、羊肉等食物后口气难闻，用茶叶1小撮，分次置于口中，慢嚼，待唾液化解茶叶后徐徐咽下，疗效颇佳。

80

青少年应该知道的化学知识

第十三节　烧伤的急救方法

在火场中或者化学物品燃烧被烧伤了，应该懂得一些急救的方法，这样才不会造成更加严重的后果。

火场烧伤处理当务之急是尽快消除皮肤受热。我们可以用清水或自来水充分冷却烧伤部位；　用消毒纱布或干净布等包裹伤面；如果伤员发生休克时，可用针刺或使用止痛药止痛；对呼吸道烧伤者，注意疏通呼吸道，防止异物堵塞；伤员口渴时可饮少量淡盐水；紧急处理后可使用抗生药物，预防感染。

当受到酸、碱、磷等化学物品烧伤时，最简单、最有效的处理办法是，用大量清洁冷水冲洗烧伤人员，一方面可冲洗掉化学物品，另一方面可使伤者局部毛细血管收缩，减少化学物品的吸收。

触电后，电流出入处发生烧伤，局部肌肉痉挛，且多为Ⅲ度烧伤，这种烧伤叫做电烧伤。我们应该迅速关闭电源，使伤者脱离电源；然后把伤员转移至通风处，松开衣服。当伤者呼吸停止时，施行人工呼吸；心脏停止跳动时，施行胸外按压；并可注射可拉明等呼吸兴奋剂，促使自动恢复呼吸；同时进行全身及胸部降温；清除呼吸道分泌物；对伤口用消毒纱布包裹，出血时用止血带、止血药等包扎处理。

所以当我们处于危险情况，不要心慌、手忙脚乱，根据实际去分析，正确采用自救的方法，为自己的安全可以营造一条绿色通道。

第十四节　食盐的妙用

提起食盐，人们都知道他可以调味，夏天常喝些盐开水还可以补充体内的盐分，防止中暑。此外，食盐在日常生活中还有以下用途：

1.清早起来喝一杯淡盐开水，可以治大便不通；

2.用盐水洗头可以减少头发脱落；

3.茄子根加点盐煮水洗脚，可以治脚气病；

4.皮肤被热水烫着了，用盐水洗一下可以减少痛苦；

5.讲演、作报告、唱歌前喝点淡盐水，可以避免喉干嗓哑；

6.洗衣服时加点盐，能有效地防止退色；

7.把胡萝卜哑成糊状，拌上盐，可以擦掉衣服上的血迹；

8.炸东西时，在油里放点盐，油不外溅；

食盐不仅是化学工业的重要原料，而且是人类生活中的重要调味品。此外，食盐还有多种用途。

1.清晨喝一杯盐开水，可以治大便不通。喝盐开水可以治喉咙痛、牙痛。

2.误食有毒物，喝一些盐开水，有解毒作用。

3.每天用淡盐开水漱口，可以预防各种口腔病。

4.洗浴时，在水中加少量食盐，可使皮肤强健。

5.豆腐易变质，如将食盐化在开水中，冷却后将豆腐浸入，即使在夏天，也可保存数月。

6.花生油内含水分，久贮会发臭。可将盐炒热，凉后，按40斤油1斤盐的比例，加入食盐，可以使花生油2～3年仍保持色滑、味香。

7.鲜花插入稀盐水里，可数日不谢。

8.新买的玻璃器皿，用盐煮一煮，不易破裂。

9.洗有颜色的衣服时，先用5%盐水浸泡10分钟，然后再洗，则不易掉色。

10.洗有汗渍的白衣服，先在5%的盐水中揉一揉，再用肥皂洗净，就不会出现黄色汗斑。

11.将胡萝卜砸碎拌上盐，可擦去衣服上的血迹。

12.铜器生锈或出现黑点，用盐可以擦掉。

第十五节 手表里的"钻"

你注意观察过机械手表吗？在它的盘面上，可以看到"17钻"或者"19钻"

等字样。这是表示，手表里有17粒或19粒钻石。钻石，原来是指金刚石，也就是金刚钻。后来，人们把其他一些坚硬的宝石也叫做钻石。国外生产的手表盘上标着"17 Jewelsl""Jewel"就是宝石的意思。

手表的钻数越大，质量越好。一般的闹钟没有钻数，标明"5钻"、"7钻"的钟就是上好的品种了。钟表里为什么要用宝石呢？拆开钟表，你会看到它的"五脏六腑"是许多小齿轮。齿轮不停地转动，带动秒针、分针和时针准确地向前移动。支架齿轮的轴承必须经受住无数次的磨擦而很少损耗变形，才能保证钟表报时的准确。

这坚硬、耐磨的轴承是由人造红宝石做成的。钟表里有多少个这样的宝石轴承，就标明是多少钻。

自然界的宝石十分珍贵。它们都是在特殊的地质、压力和温度条件下生成的晶体。它们非常稀罕，又晶莹瑰丽，坚硬非凡。宝石之王——金刚石，采掘起来非常困难。在矿区，往往要劈开两吨半岩石，才可能获得1克拉（嘿嘿克拉者，一植物也；其种子有一特性不多不少一克拉！即0.2克）金刚石。1979年全世界挖到的金刚石仅一千多万克拉，一辆卡车即可载走。名贵的金刚钻价值连城，成为稀罕的珍宝。

金刚钻用在工业上，是无坚不摧的"切割手"。"没有金刚钻，莫揽瓷器活"，玻璃刀上有一小粒金刚石，切割玻璃全靠它。金刚石车刀削铁如泥，金刚石钻头钻探速度高，进尺深。闪烁着星光的红宝石和蓝宝石，也叫刚玉宝石。而做手表需要的钻石却越来越多，于是，人们在想：能不能搞人造宝石呢？要制造宝石，先得知道宝石的化学成分，红、蓝宝石的化学成分是极普通的三氧化二铝。我们脚下的泥土里就含有不少三氧化二铝。不过，红宝石、蓝宝石是纯净的三氧化二铝，微量的铬或钦使它显出漂亮的鲜红色或者蔚蓝色。于是，人们从铝矾土中提炼出纯净的三氧化二铝白色粉末，再将它放在高温单晶炉里熔融、结晶，同时掺进微量的铬盐或者氧化钦，这样就得到了人造红宝石和蓝宝石。

人造红宝石除了作手表里的"钻"，精密天平的刀口和电唱机里的唱针外，还是激光发生器的重要材料，它可以产生深红色的激光。激光的用处可大啦，激光手术刀、光雷达、光纤通信、激光钻孔……都离不开它。最古老的装饰品、稀世的珍宝竟成为工业产品、现代科技的重要角色。

第十六节　双氧水的非法用途

　　双氧水是过氧化氢溶液的俗称，为无色无味的液体，添加入食品中可分解放出氧，起漂白、防腐和除臭等作用。

　　双氧水是一种强氧化剂，存在于空气和水中。光照、闪电和微生物均可产生过氧化氢。其实，早在十八世纪，人类就发现并开始使用双氧水，在食品工业中，过氧化氢主要用于软包装纸的消毒、罐头厂的消毒、奶和奶制品杀菌、面包发酵、食品纤维的脱色等，同时也用作生产加工助剂。此外，在饮用水处理、纺织品漂白、造纸工业、医学工业以及家用洗涤剂制造等领域，双氧水也都发挥着重要的作用。

　　过氧化氢的使用依赖于过氧化氢的氧化性，不同浓度的过氧化氢具有不同的用途。一般药用级双氧水的浓度为3%，美容用品中双氧水的浓度为6%，试剂级双氧水的浓度为30%，食用级双氧水的浓度为35%，浓度在90%以上的双氧水可用于火箭燃料的氧化剂，若90%以上浓度的双氧水遇热或受到震动就会发生爆炸。双氧水还特别易分解，高纯度双氧水的基本形态是稳定的，当与其它物质接触时会很快分解为氧气和水。

　　当人们对双氧水有了一个基本认识的时候；当人们得知双氧水存在于每个人须臾不能离开的空气和水中的时候；当人们知晓双氧水从十八世纪以来就被人类广泛利用的时候；当人们明白双氧水早已经大量运用到食品工业中的时候，才发觉原来双氧水离我们的日常生活并不遥远。

　　据中国食品添加剂生产应用工业协会行业信息处处长王震宇介绍，双氧水依据用途分为食用级和工业级，来源不同。食用级双氧水来源于水的电解法，可用于食品加工过程或者药用，但是最终食品中不得检出。而工业级双氧水来源于蒽醌法，因为制备方法决定了工业双氧水含有一定量的蒽、醌和重金属等对人体有害的杂质，蒽和醌是已经在科学上被认定的致癌物。所以工业双氧水只能用于造纸、印染等工业。

　　但是总有一些非法商贩利用双氧水的性质做一些非法的买卖。例如：水发海蜇、虾仁、鱿鱼、带鱼、海蜇、海米粉、水发鱿鱼、牛百叶、鱼皮、新鲜或冷冻

青少年应该知道的化学知识

的禽类产品、猪、牛、羊各种畜产品、干果、果仁、面制品、鱼丸等制品。不法商家在一些需要增白的食品如:水发食品的牛百叶和海蜇、鱼翅、虾仁、带鱼、鱿鱼、水果罐头、和面制品等的生产过程中违禁浸泡双氧水,以提高产品的外观。少数食品加工单位将发霉水产干品经浸泡双氧水处理漂白重新出售或为消除病死鸡、鸭或猪肉表面的发黑、淤血和霉斑,将这些原料浸泡高浓度双氧水漂白,再添加人工色素或亚硝酸盐发色出售。

这对于人体的健康有很大的危害,过氧化氢可通过与食品中的淀粉形成环氧化物而导致癌性,特别是消化道癌症。另外,工业双氧水含有砷、重金属等多种有毒有害物质更是严重危害食用者的健康。过氧化氢仅限于牛奶防腐的紧急措施之用。我国《食品添加剂使用卫生标准》亦规定双氧水只可在牛奶中限量使用,且仅限于内蒙古和黑龙江两地,在其它食品中均不得有残留。

食品中违规加入双氧水的添加剂后,可从外观直接识别问题食品有以下方法:

1.牛百叶:加入双氧水使牛百叶变白、无杂色。

2.猪皮:发霉变质的猪皮用双氧水浸泡后色泽白亮、且不易再变质。

3.鸡翅、鸡爪、鸡腿等产品类:加入双氧水后能使其发白、发胖,未加的为原色。

4.鱼鳖类:加入双氧水使鱼鳖色泽白亮、防腐、除臭,加农药防虫、防蝇。少见蝇类去叮咬。

第十七节 水果为什么可以解酒

饮酒过量常为醉酒,醉酒多有先兆,语言渐多,舌头不灵,面颊发热发麻,头晕站立不稳……都是醉酒的先兆,这时需要解酒。

不少人知道,吃水果或饮服1~2两干净的食醋可以解酒。什么道理呢?

这是因为,水果里含有机酸,例如,苹果里含有苹果酸,柑橘里含有柠檬酸,葡萄里含有酒石酸等,而酒里的主要成分是乙醇,有机酸能与乙醇相互作用

而形成酯类物质从而达到解酒的目的。同样道理，食醋也能解酒是因为食醋里含有3～5%的乙酸，乙酸能跟乙醇发生酯化反应生成乙酸乙酯。

尽管带酸味的水果和食醋都能使过量乙醇的麻醉作用得以缓解，但由于上述酯化反应杂体内进行时受到多种因素的干扰，效果并不十分理想。因此，防醉酒的最佳方法是不贪杯。

第十八节　怎样保养金银饰品

金银首饰已经成为许多人的装饰品。精美的饰品如果保养不当，会失去原来的色泽，影响美观。因此，在配戴时，应注意保养，一旦沾上污物，应该及时清洗。

目前市场上销售的黄金首饰中，含有一定数量的杂质，这些杂质在一定条件下能发生氧化反应，使首饰发生退色或变色现象。因此，不要戴着金首饰烤火、做饭或用热水洗东西，也不要接触酸、碱或水银。

银能与硫发生反应，生成黑色的硫化银。冬季用煤火炉取暖的房间，以及烧煤火做饭的厨房中，空气里都有含硫的化合物。如果在这种环境中佩戴银饰物，就可能在表面生成一层薄薄的黑色硫化银膜。银首饰还不能和工业废水、废气接触，也不宜跟香水、香粉、香脂及硫黄香皂接触，同时也不宜长期与汗水接触。因为汗水中含有氯离子，也能与银发生变化。一旦被汗水浸湿后，应立即用软布擦干净。

第十九节　怎样除去衣服上的污渍

一件漂亮的衣服，一旦被污渍污染，则很不美观，下面向您介绍几种常见的污渍的简易的除去方法：

1.汗渍

法一：将有汗渍的衣服在10%的食盐水中浸泡一会，然后再用肥皂洗涤。

汗水湿透的背心，不能用热水洗。弄上了碘酒的衣服，却要先在热水里浸泡后再洗。沾上机器油的纺织品，在用汽油擦拭的同时，还要用熨斗熨烫，趁热把油污赶出去。原来，汗水里含有少量蛋白质。鸡蛋清就是一种蛋白质。鸡蛋清在热水里很容易凝固。汗水里的蛋白质也和鸡蛋清一样，在沸水里很快凝固，和纤维纠缠在一起。本来可以用凉水漂洗干净的汗衫，如果用热水洗，反而会泛起黄色，洗不干净。洗衣服先在冷水里浸泡，好处就在这里。

法二：在适量的水中加入少量的碳胺〔（NH4）2CO3）〕和少量的食用碱〔Na2CO3或NaHCO3〕，搅拌溶解后，将有汗渍的衣服放在里面浸泡一会，然后反复揉搓。

2.油渍

在油渍上滴上汽油或者酒精，待汽油（或酒精）挥发完后油渍也会随之消失。

3.蓝墨水污渍

法一：在适量的水中加入少量的碳胺〔（NH4）2CO3〕和少量的食用碱〔Na2CO3或NaHCO3〕，搅拌溶解后，将有蓝墨水污渍的衣服放在里面浸泡一会，然后反复揉搓。

如果是纯蓝墨水、红墨水以及水彩颜料染污了衣服，立刻先用洗涤剂洗，然后多用清水漂洗几次，往往可以洗干净。这是因为它们都是用在水里溶解的染料做成的。如果还留下一点残迹的话，那是染料和纤维结合在一起了，得用漂白粉才能除去。漂白粉的主要成分是次氯酸钙，它在水里分解出次氯酸，这是一种很强的氧化剂。它能氧化染料分子，使染料变成没有颜色的化合物，这就是漂白作用。蓝黑墨水、血迹、果汁、铁锈等的污迹却不同。它们在空气中逐渐氧化，颜色越来越深，再用漂白粉来氧化就不行了。比如蓝黑墨水是鞣酸亚铁和蓝色染料的水溶液，鞣酸亚铁是没有颜色的，因此刚用蓝黑墨水写、的字是蓝色的，在纸上接触空气后逐渐氧化，变成了在水里不溶解的鞣酸铁。鞣酸铁是黑色的，所以字迹就逐渐地由蓝变黑，遇水不化，永不褪色。要去掉这墨水迹，就得将它转变成无色的化合物。

法二：将有蓝墨水污渍部位放在2%的草酸溶液中浸泡几分钟，然后用洗涤剂洗除。

将草酸的无色结晶溶解在温水里，用来搓洗墨水迹，黑色的揉酸铁就和草酸结合成没有颜色的物质，溶解进水里。要注意草酸对衣服有腐蚀性，应尽快漂洗干净。

4.血渍

因血液里含有蛋白质，蛋白质遇热则不易溶解，因此洗血渍不能用热水。

法一：将有血渍的部位用双氧水或者漂白粉水浸泡一会，然后搓洗。

法二：将萝卜切碎，撒上食盐搅拌均匀，十分钟之后挤出萝卜汁，将有血渍的部位用萝卜汁浸泡一会，然后搓洗。

5.果汁渍

新染上的果汁渍用食盐水浸泡后，再用肥皂搓洗。如果染上的时间较长了，则可以将衣服在10%的食盐水中浸泡一会，然后再用肥皂洗涤。

6.铁锈渍

方法一：在热水中加入少许草酸，搅拌，使草酸全部溶解，将有铁锈渍的部位放在草酸溶液中浸泡十分钟，然后再用肥皂搓洗。

方法二：用15%的酒石酸溶液亦可揩拭污渍，或者将沾污部分浸泡在该溶液里，次日再用清水漂洗干净。

方法三：用10%的柠檬酸溶液或10%的草酸溶液将沾污处润湿，然后泡入浓盐水中，次日洗涤漂净。

方法四：最简便方法：如有鲜柠檬，可榨出其汁液滴在锈渍上用手揉擦之，反复数次，直至锈渍除去，再用肥皂水洗净。

血液里有蛋白质和血色素。和洗汗衫一样，洗血迹要先用凉水浸泡，再用加酶洗衣粉洗涤。不过，陈旧的血迹变成黑褐色，那是由于血色素里的铁质在空气里被氧化，生成了铁锈。果汁里也含有铁质，沾染在衣服上和空气里的氧气一接触，也会生成褐色的铁锈斑。因此血迹、果汁和铁锈造成的污迹都可以用草酸洗去，草酸将铁锈变成没有颜色的物质，溶解到水里去。

青少年应该知道的化学知识

7.茶渍

将有茶渍的部位放在饱和食盐水中浸泡，然后用肥皂搓洗。

8.圆珠笔油渍

方法一：将污渍处浸入温水（40℃）用苯或用棉团蘸苯搓洗，然后用洗涤剂洗，清水（温水）冲净；

方法二：用冷水浸湿污渍处，用四氯化碳或丙酮轻轻揩拭，再用洗涤剂洗，温水冲净。

污迹较深时，可先用汽油擦拭，再用95%的酒精搓刷，若尚存遗迹，还需用漂白粉清洗。最后用牙膏加肥皂轻轻揉搓，再用清水冲净。但严禁用开水泡

9.墨汁

墨汁是极细的碳粒分散在水里，再加上动物胶制成的。衣服上沾了墨迹，碳的微粒附着在纤维的缝隙里，它不溶在水里，也不溶在汽油等有机溶剂里，又很稳定，一般的氧化剂和还原剂都对它无可奈何，不起任何化学变化。我们祖先的书画墨迹保存千百年，漆黑鲜艳，永不褪色，就是这个道理。除去墨迹，只有采用机械的办法，用米饭粒揉搓，把墨迹从纤维上粘下来。如果墨迹太浓，玷污的时间太长，碳粒钻到纤维深处，那就很难除净了

洗去污迹和治病一样，要对症下药。只有这样，我们才可以轻松除去衣服上的污渍。

第二十节　怎样催熟水果

家里如果有青香蕉、绿桔子等尚未完全成熟的水果，要想把它们尽快催熟而又没有乙烯，那么怎么办呢？可以把青香蕉等生水果和熟苹果等成熟的水果放在同一个塑料袋里，这样，不出几天青香蕉就可以变黄、成熟。这是因为，水果在成熟的过程中，自身就能放出乙烯气体，利用成熟水果放出的乙烯可以催熟生的水果。

第二十一节　自动长毛的铝鸭子

找一张铝箔或用一张香烟盒里包装用的铝箔，把它折成鸭子状（注意有铝的一面向外）。

用毛笔蘸硝酸汞溶液，在铝鸭子周身涂刷一遍，或将铝鸭子浸在硝酸汞溶液中洗个澡，再用药水棉花或干净的布条把鸭子身上多余的药液吸掉。几分钟后，你会惊奇地看到鸭子身上竟长出了白茸茸的毛！更奇怪的是，用棉花把鸭子身上的毛擦掉之后，它又会重新长出新毛来。

铝鸭子为什么会长毛呢？长出的毛到底是什么东西呢？

原来，铝是一种较活泼的金属，容易被空气中的氧气所氧化变成氧化铝。通常的铝制品之所以能免遭氧化，是由于铝制品表面有一层致密的氧化铝外衣保护着。在铝箔的表面涂上硝酸汞溶液以后，硝酸汞穿过保护层，与铝发生置换反应，生成了液态金属——汞。汞能与铝结合成合金，俗称"铝汞齐"在铝汞齐表面的铝没有氧化铝保护膜的保护，很快被空气中的氧气氧化变成了白色固体氧化铝。当铝汞齐表面的铝因氧化而减少时，铝箔上的铝会不断溶解进入铝汞齐，并继续在表面被氧化，生成白色的氧化铝。最后使铝箔捏成的鸭子长满白毛。

青少年应该知道的化学知识

第二十二节　真金辨别

随着人们生活水平的不断提高，穿戴金饰品的人越来越多了，购买时，人们总想买纯一点的，全纯的叫足金即真金。

真金金光闪闪，沉甸甸，比重19.3（克/厘米3），不怕腐蚀，千百年后其色纹丝不变。

真金虽然闪闪发光，但闪金光的不一定是真金，如愚人金和人造仿金（如氮化钛等。）愚人金是指能闪耀金黄色的黄铁矿（FeS_2）或黄铜矿（$CuFeS_2$）的矿石，它们常以迷人的姿色愚弄缺乏矿物知识的人而得其浑名。

愚人金、仿金跟真金色泽无二，真假难辨。但它们一碰到试金石，其"庐山真面目"便暴露无遗。看来，试金石倒的神秘，其实，它不过是自然界极普通的石头，色呈灰黑，状如鹅度较大，因久经风化逐成鹅卵状。检验时，只要把受试物在试金石上一划，便原形毕露：黄铁矿划出的条痕是黑色的；黄铜矿划出的条痕是墨绿色的；而真金呢？在试金石上留下的划痕，再出其"庐山真面"—金黄色。

"金无足赤"。天然黄金尚且不尽绝对纯，更何况黄金稀贵，所以，不少金饰品都是在金里添加一些铜、银，把它做成合金。人们选购时，这就面临一个如何鉴定黄金统一统一纯度，确定其成色（含金量）的问题。凭借试金石的"火眼金睛"，不仅能分辨黄金的真伪；还能识破黄金的优劣（以"K"为单位，以24K…100%为优；18K…75%为次；12K…50%为劣）这是因为不同成色的金饰品，颜色稍有差别。人们事先按比例精制出不同含金量的标准金条，一一在试金石上划出确知含量的色痕，再拿待测的金饰物在同一试金石上划痕，两相比较，最后由经验丰富的行家判定成色。此法简单位易行，但有一定的误差，必须寻找更精确的方法，选用"目光更为敏锐"的仪器。

随着科学技术的发展，国外发明一种激光试金仪。把激光束照射金、合金或仿金，分别化为蒸气，显现不同光谱线及其强度，从而甄别无误，操作简捷，也不用担心损耗黄金，检验时，用激光打的刀比针尖还小，样品损失不足十亿分之一克，真是微乎其微，颇受顾客和珠宝商的欢迎，这种撩开形形色色"庐山真面"的金饰品的仪器，堪称名副其实的"试金石"。

第三章 化学与健康

第一节 14种食品让药物变毒物

药，吃了就完了，是你的习惯。但药物参与消化的所有过程，可能和你抽的那支烟、喝的那种果汁、吃的那种食物相互作用。因此，你有必要了解你正在服用的药物有哪些忌口，防止药效打折甚至出现不良反应。

1.任何药物——烟

服用任何药物后的30分钟内都不能吸烟。因为烟碱会加快肝脏降解药物的速度，导致血液中药物浓度不足，难以充分发挥药效。试验证实，服药后30分钟内吸烟，血药浓度约降至不吸烟时的1/20。

2.阿司匹林——酒、果汁

酒进入人体后需要被氧化成乙醛，再进一步被氧化成乙酸。阿司匹林妨碍乙醛氧化成乙酸，造成人体内乙醛蓄积，不仅加重发热和全身疼痛症状，还容易引起肝损伤。而果汁则会加剧阿司匹林对胃黏膜的刺激，诱发胃出血。

3.黄连素——茶

茶水中含有约10%鞣质，鞣质在人体内分解成鞣酸，鞣酸会沉淀黄连素中的生物碱，大大降低其药效。因此，服用黄连素前后2小时内不能饮茶。

4.布洛芬——咖啡、可乐

布洛芬（芬必得）对胃黏膜有较大刺激性，咖啡中含有的咖啡因及可乐中含有的古柯碱都会刺激胃酸分泌，所以会加剧布洛芬对胃黏膜的毒副作用，甚至诱发胃出血、胃穿孔。

5.抗生素——牛奶、果汁

服用抗生素前后2小时内不要饮用牛奶或果汁。因为牛奶会降低抗生素活性，使药效无法充分发挥；而果汁（尤其是新鲜果汁）中富含的果酸则加速抗生素溶解，不仅降低药效，还可能生成有害的中间产物，增加毒副作用。

6.钙片——菠菜

菠菜中含有大量草酸钾，进入人体后电解出的草酸根离子会沉淀钙离子，不仅妨碍人体吸收钙，还容易生成草酸钙结石。专家建议服用钙片前后2小时内不要进食菠菜，或先将菠菜煮一下，待草酸钾溶解于水，将水倒掉后再食用。

7.抗过敏药——奶酪、肉制品

服用抗过敏药物期间忌食奶酪、肉制品等富含组氨酸的食物。因为组氨酸在人体内会转化为组织胺，而抗过敏药抑制组织胺分解，因此造成人体内组织胺蓄积，诱发头晕、头痛、心慌等不适症状。

8.止泻药——牛奶

服用止泻药物，不能饮用牛奶。因为牛奶不仅降低止泻药药效，其含有的乳糖成分还容易加重腹泻症状。

青少年应该知道的化学知识

9.苦味健胃药——甜食

苦味健胃药依靠苦味刺激唾液、胃液等消化液分泌，促食欲、助消化。甜味成分一方面掩盖苦味、降低药效，另一方面还与健胃药中的很多成分发生络合反应，降低其有效成分含量。

10.利尿剂——香蕉、橘子

服用利尿剂期间，钾会在血液中滞留。若同时再吃富含钾的香蕉、橘子，体内钾蓄积更加严重，易诱发心脏、血压方面的并发症。

11.维生素C——虾

服用维生素C前后2小时内不能吃虾。因为虾中含量丰富的铜会氧化维生素C，令其失效；同时，虾中的五价砷成分还会与维生素C反应生成具有毒性的"三价砷"。

12.滋补类中药——萝卜

滋补类中药通过补气，进而滋补全身气血阴阳，而萝卜有破气作用，会大大减弱滋补功效，因此服用滋补类中药期间忌食萝卜。

13.降压药——西柚汁

服用降压药期间不能饮用西柚汁。因为西柚汁中的柚皮素成分会影响肝脏中某种酶的功能，而这种酶与降压药的代谢有关，将造成血液中药物浓度过高，副作用大大增加。

14.多酶片——热水

酶是多酶片等助消化类药物的有效成分，酶这种活性蛋白质遇热水后即凝固变性，失去应有的助消化作用，因此服用多酶片时最好用低温水送服。

第二节　茶里含有些什么化学成分

茶是我国的特产，种类很多，大别分为红茶和绿茶两种。红茶是将茶叶暴晒在日光下或微温后，使茶叶萎软，再搓揉，使它发酵，至茶叶转褐色，再烘焙制成的。绿茶是将新鲜的茶叶炒熬，破坏其中酵素，再搓揉，烘焙成的。红茶和绿茶中所含化学成分相同，不过分量方面略有不同而已。

叶中的化学成分，主要是茶碱$C_8H_{10}N4O_2 \cdot H_2O$，其他是鞣酸及芳香油等。纯粹的茶碱是白色针状结晶体，有苦味，能够溶解于热水，不易溶于冷水中，所以开水不热，茶叶是泡不下来的。茶碱能够兴奋大脑，使思想灵敏，医药上用它作兴奋、强心、利尿的药剂。它还能够解吗啡或酒精的毒，所以酒醉的人要喝浓茶。鞣酸是制蓝黑墨水及鞣制皮革的原料，也能够溶于热水中，而难溶于冷水。绿茶所含的鞣酸量比红茶多，所以绿茶味比红茶味涩。鞣酸能够使胃液的分泌量减少，阻碍食物的吸收，使大便秘结。

茶所以有香味，就因为其中含有芳香油，芳香油受到高热就挥发变成气体，所以茶能泡不能煮沸。

青少年应该知道的化学知识

第三节　炒菜时加酒和醋
为什么会产生一股香味

厨师在烧菜时，总喜欢在加了酒以后，再搁些醋。于是菜就变得香喷喷的了。

这种炒菜的方法，确是有它的科学道理，因为酒与醋在热锅里碰了头，就会起化学反应，生成香料——乙酸乙酯，因此菜就有股香味。

在工业上，就是利用酒精与醋酸在浓硫酸作用下，来制造乙酸乙酯。

乙酸乙酯具有香蕉的香味，你平时吃的"香蕉糖"里，就有乙酸乙酯的份儿。

花朵，是大自然中"香的仓库"。花香，是因为花朵里有许多香精油。

有机化学上整整一大族化合物——芳香族化合物，几乎都有香味。现在人造香料很多，你可曾想到：大部分人造香料，都是从臭味难闻的煤焦油中提炼出来的哩。

第四节　吃药的学问

治疗疾病时，口服药最常见。口服药有多种剂型，送服时需要的水量也不尽相同，所以吃药要正确的服用水，这里面可是有学问的呀！

1.中药冲剂用150毫升

冲剂，顾名思义就是冲着喝的药剂，那么，用多少水冲服才合适呢？首先，我们要明确冲剂的来源，中药冲剂是在中医汤药的基础上发展而来的，用水冲开后即相当于煎好的汤剂，所以我们需要参照煎制汤药的方法。煎药时，每付中药煎两次，每次煎150～200毫升，混在一起分两次服下。所以，饮用中药冲剂每次用水150毫升就可以了。例如感冒清热颗粒，用150～180毫升冲开服下，再用一口水漱漱口即可。但西药中的散剂不在此列，例如蒙脱石散（思密达）只需50毫升水冲服即可。

2.胶囊至少300毫升水

一般的口服剂型，例如大部分片剂，通常用150～200毫升水送服即可。用水太多会稀释胃液，加速胃排空，反而不利于药物的吸收。

为了保护药物、遮盖异味、改变溶解速度或溶解的位置，我们用胶囊把药品装起来，制成了胶囊剂。但胶囊是由胶质制成的，遇水会变软变黏，服用后易附着在食道壁上，造成损伤甚至溃疡，所以送服胶囊时要多喝水，以保证药物确实被送达胃部，因此饮水量应不少于300毫升。并且，咽下时应稍稍低头，胶囊会更顺利地服下。

3.特殊药物需水量更大

另外，一些对消化道有刺激的药物，例如四环素类药物等，不论剂型如何，均要加大送服的水量，以减轻对消化道的刺激。还有些药物的代谢过程比较特殊，服用期间也需要饮用较多的水，例如磺胺类药物和喹诺酮类药物，代谢时易在尿中析出结晶，损伤泌尿系统，因此服药期间必须大量喝水，或者同时口服一些碱化尿液的药物，如碳酸氢钠等。

4.吃六味地黄丸喝淡盐水

六味地黄丸是常用的中成药，由六味中药组成，有滋补肾阴的功效，常用于治疗肾阴不足、头晕耳鸣、腰膝酸软、盗汗遗精等病证。六味地黄丸多为蜜丸，通常人们会用温开水送服。其实，最好的方法是用温的淡盐水。

为了更好地提高治疗效果，或者处理一些复杂的病情，中成药常常配伍使用，一是两种以上的中成药配伍；二是中成药与汤药配伍；第三就是中成药与药引配伍，主要是利用药引引导药物直达病变处，以提高疗效。

六味地黄丸用淡盐水送服，就是中药与药引的配伍。食盐也是一味中药，其味咸性寒，有清火、凉血、解毒的作用。因其味咸，可引药入肾，所以可以作为药引，帮助六味地黄丸直达病变处，更好地发挥补肾的作用。此外，又可利用盐的寒性，给肾阴虚、有虚火的病人清火。

其他宜用淡盐水送服的中成药还有：金锁固精丸、四神丸、黑锡丹、大补阴丸、左归丸、左磁丸、虎潜丸等，多为治疗肾虚的药物。

5.矿泉水送药不科学

除了饮水的量，水质的不同也会对药效产生不同的影响。对于绝大多数药物来说，白开水是最好的。

茶水可以解油腻、助消化、利尿、缓解便秘，还有助于预防冠心病、高脂血症等。但其内含有大量的鞣质，容易和药品中的蛋白质、生物碱、金属离子等发生相互作用。例如含铁的补血药，鞣质和铁结合会产生沉淀，阻碍铁的吸收。含蛋白质的消化酶类制剂，也会与鞣质结合而降低药效。此外，茶叶中的咖啡因对镇静安神类药品有对抗作用，也会降低其药效。所以，不要用茶水送服药物。

矿泉水在我们的生活中越来越普遍了，但是其中存在一些矿物质和金属离子，例如钙，对有些药物也会有影响。说明书上注明，四环素类抗生素、阿仑膦酸钠等药物严禁与钙制剂一起服用，所以尽量不要用矿泉水送服。

最近发现，橙汁对一些由肝脏代谢的药物有干扰，可以阻碍其代谢，从而增强毒性。例如调节血脂的他汀类药物，治疗心脏病的塞利洛尔等。所以，不仅禁用果汁送服上述药物，在服药期间，也尽量不要饮用果汁。

6.服止咳糖浆5分钟内别喝水

止咳糖浆是日常生活中经常使用的一类非处方药，由于口感好、服用方便，受到咳嗽患者，尤其是儿童和老年人的喜爱。一些人习惯在服用糖浆后立即大量饮水，认为这样可以快速祛除药物的特殊味道，并尽快将药液送入胃肠道。实际上，这样做不利于止咳糖浆药效的发挥。

这是因为，止咳糖浆的止咳作用一方面有赖于胃肠吸收，另一方面要依靠糖浆覆盖在咽部黏膜表面，直接减轻炎症的刺激。若服药后立即大量喝水，首先会降低咽部的药物浓度，其次会稀释胃液，影响胃肠道对药物的吸收。因此，有些医生会建议患者至少在喝糖浆后5分钟内不要喝水，以提高疗效。但如果黏稠的糖浆太刺激咽部，甚至引起不适，则另当别论。

7.六类药不要碰热水

用白开水送服药物是个常识，但有些人喜欢用50～60摄氏度以上的热水服药。殊不知，部分药品遇热后会发生物理或化学反应，进而影响疗效。

一、助消化类。如胃蛋白酶合剂、胰蛋白酶、多酶片、酵母片等，均含有助消化的酶类。酶是一种活性蛋白质，遇热后会凝固变性。《中华人民共和国药典临床用药须知》指出："胃蛋白酶遇热不稳定，70摄氏度以上即失效"。

二、维生素类。例如其中的维生素C不稳定，遇热后易被还原、破坏，而失去药效。

三、止咳糖浆类。急支糖浆、复方甘草合剂、蜜炼川贝枇杷膏等，是将止咳消炎成分溶于糖浆或浸膏中配制而成的一类药物。患者服用后，糖浆或浸膏覆盖在发炎的咽部黏膜表面形成一层保护膜，便于快速控制咳嗽，缓解症状。如果用热水冲服，更易降低糖浆的黏稠度，影响保护膜的疗效。

四、活疫苗。如小儿麻痹症糖丸，含有脊髓灰质炎减毒活疫苗，服用时应当

用凉开水送服，否则疫苗灭活，不能起到免疫机体、预防传染病的作用。

五、含活性菌类。乳酶生含有乳酸活性杆菌，整肠生含有地衣芽孢杆菌，妈咪爱含有粪链球菌和枯草杆菌，合生元（儿童益生菌冲剂）含有嗜酸乳酸杆菌和双歧杆菌。此外，酵母片、丽珠肠乐等药物均含有用于防病治病的活性菌。遇热后活性菌会被破坏。

六、清热类中成药。中医认为，对燥热之证，如发烧、上火等，应采用清热之剂治疗，此时不宜用热水送服。用凉开水送服则可增加清热药的效力。

第五节　碘盐与人体的健康

我们知道食盐的主要成分就是氯化钠，这是人们生活中最常用的一种调味品。但是它的作用绝不仅仅是增加食物的味道，它是人体组织的一种基本成分，对保证体内正常的生理、生化活动和功能，起着重要作用。Na^+和Cl^-在体内的作用是与K^+等元素相互联系在一起的，错综复杂。其最主要的作用是控制细胞、组织液和血液内的电解质平衡，以保持体液的正常流通和控制体内的酸碱平衡。Na^+与K^+、Ca^{2+}、Mg^{2+}还有助于保持神经和肌肉的适当应激水平；NaCl和KCl对调节血液的适当粘度或稠度起作用；胃里开始消化某些食物的酸和其他胃液、胰液及胆汁里的助消化的化合物，也是由血液里的钠盐和钾盐形成的。此外，适当浓度的Na^+、K^+和Cl^-对于视网膜对光反应的生理过程也起着重要作用。可见，人体的许多重要功能都与Na^+、Cl^-和K^+有关，体内任何一种离子的不平衡（多或少），都会对身体产生不利影响。如运动过度，出汗太多时，体内的Na^+、Cl^-和K^+大为降低，就会出现不平衡，使肌肉和神经反应受到影响，导致恶心、呕吐、衰竭和肌肉痉挛等现象。因此，运动员在训练或比赛前后，需喝特别配制的饮料，以补充失去的盐分。

由于新陈代谢，人体内每天都有一定量的Na^+、Cl^-和K^+从各种途径排出体外，因此需要膳食给予补充，正常成人每天氯化钠的需要量和排出量大约为3g～9g。

此外，常用淡盐水漱口，不仅对咽喉疼痛、牙龈肿疼等口腔疾病有治疗和预防作用，还具有预防感冒的作用。

碘缺乏病（IDD）每年使全球7.4亿人受害，造成人的大脑功能障碍，甲状腺肿大或流产，又能引起精神疾病。世界卫生组织在1999年决定在下一个10年内，通过加强食盐加碘项目和扩大食用覆盖率来实现消灭碘缺乏病的目标。世界卫生组织总干事在52届世界卫生大会上说："碘缺乏障碍将继续是胎儿和婴儿大脑功能损害的最主要原因，同时又是青少年智力发育延迟的主要原因，而它又是可以预防的。"　碘缺乏病在世界130个国家是一个严重的公共卫生问题。通过全球食盐加碘的努力，减少碘缺乏病取得了明显的进展，但估计仍有约5000万人不同程度地受到碘缺乏病的影响，表现出不同程度的大脑损害症状。从1990年～1998年，食盐加碘的国家由46个增加到93个。生活在受IDD影响国家的住户，2/3已能吃上碘盐。有20个国家的90%的住户吃上了碘盐。

我国在1993年以后，在全国逐步推广和实施了全民食盐加碘。全民食盐加碘的基本含义为：所有食用盐及食品加工用盐都必须是碘盐；牲畜用盐也应是碘盐。

联合国世界卫生组织、儿童基金会和国际控制碘缺乏病理事会一致认为：人群碘营养正常的标准为：学龄儿童甲肿率小于5%，尿碘水平大于100微克/升，新生儿促进甲状腺激素（TSH）值大于5微国际单位/升的比例小于3%。从这个标准出发，我国绝大多数地区，包括城市和相当一部分沿海地区，都存在不同程度的碘缺乏。

近年来，专业工作者对全国10大城市学龄儿童进行的碘营养调查发现，大城市的尿碘水平也多在100微克/升以下，儿童甲肿率大于5%，因此传统上被认为不缺碘的大城市，实际上也遭受碘缺乏的危害。

补碘最关键的时期是在胚胎期和婴幼儿期。人体最需要补碘的时期是脑神经的生长发育期。从怀孕前三个月到出生前，脑神经的形态和功能已基本形成，这段时期如果缺少碘，胎儿得不到适量的甲状腺激素，脑神经组织的增殖、发育、分化就要出现障碍，轻者出现智力减退，重者是傻、矮、聋、哑、瘫的克汀病人，而且一旦造成损害，一生不治。人类的脑发育存在两个突发期，也是对碘缺乏的两个重要易伤期。第一个易伤期是在妊娠的第12周～18周之间，第二个易

伤期是在从妊娠中期开始到出生前后直到出生后六个月之内。孕妇随着妊娠时间的增长和胎儿的长大对碘的需求量逐渐增加，她们的碘摄入量要同时满足胎儿和孕妇本身的双重需要。另外，妇女妊娠后，肾脏能排出较多的碘而发生碘丢失，容易发生孕期营养不良。因此，国际组织建议孕妇每日碘摄入量不应低于200微克。哺乳期间，母亲如果自身碘摄入量不足，乳汁中碘含量会下降，最终造成婴幼儿碘缺乏。

碘营养正常地区的人群吃了碘盐是否有害呢？国际控制碘缺乏病理事会曾指出，人的摄碘安全范围相对很大，从医学角度看，一个碘营养正常的人，每天摄入1000微克以下的碘都是安全的。从我国现状来看，在碘营养正常的地区，人群每天摄碘量一般在200微克~300微克，他们的尿碘水平多在200微克/升左右。按我国目前碘盐的碘含量计，日食10克碘盐，从盐中大约摄入碘量为200微克，食碘盐者的尿碘达到300微克/升~500微克/升左右，属于安全范围。我国高碘地区群众的日摄碘量为850微克~1000微克以上，尿碘水平多在800微克/升以上。流行病学调查和动物实验表明，长期持续摄入高碘可造成高碘性甲状腺肿。我国有1600万余人生活在8个省内的91个县的高碘地区，这些地区不应供应碘盐。

1999年第一季度国家质量技术监督局对全国105家企业生产销售的加碘食用盐进行了监督调查，抽样合格率为91.0%。加碘食用盐可分为精制盐、粉碎精制盐、日晒细盐和普通盐4种。从此次抽查情况看，加碘精制盐占样品总量的78.4%。在生产、销售上已占主导地位。但是有的地区、有的时期无碘盐充斥。如《健康报》99年5月17日报道，据黑龙江省盐务管理局盐政稽查处的一项调查，哈尔滨市的盐业市场被私盐、无碘盐、劣质盐充斥，盐政部门查处的盐贩子利用铁路贩运私盐的数量惊人。检查人员检查了市内食盐销售比较集中的16个农贸市场的77个食盐零售处，发现43家是无证经营。同一报纸99年10月18日报道，该年8月一名消除碘缺乏病专家在甘肃省临夏县的一个名漠泥沟多的地方摄影，镜头里全是身高不满4尺，半聋半哑，一脸憨笑，什么活儿也干不了的残疾人（克汀病人）。原因是村民省吃俭用买来的"碘盐"竟都是原盐粉碎后装入"碘盐袋"的非碘盐。1998年，临夏地区入户碘盐合格率为53.1%，非碘盐26.6%。

为了防止误购假碘盐，我们应当学会辨别真假碘盐的方法。据《市场报》1999年11月4日报道，辨别的方法如下：精制碘盐颗粒均匀，用手抓捏显松散

青少年应该知道的化学知识

状，无臭味，入口咸味纯正。假冒碘盐用手抓为团状，不易松散，有刺鼻气味，口尝时咸中带苦涩味。精制碘盐色泽洁白，假冒碘盐常常为淡黄色或暗黑色，且易受潮。精制碘盐的包装字迹清晰，袋较厚，封口整齐严密。假冒碘盐一般包装粗糙，字迹模糊，手搓易掉。

食用碘盐应注意如下几个方面：

一、少买及时吃。少量购买，吃完再买，目的是防止碘的挥发。因碘酸钾在热、光、风、湿条件下会分解挥发。

二、忌高温。在炒菜做汤时忌高温时放碘盐。炒菜爆锅时放碘盐，碘的食用率仅为10%，中间放碘盐食用率为60%；出锅时放碘盐食用率为90%；拌凉菜时放碘盐食用率为100%。

三、忌在容器内敞口长期存放。碘盐如长时间与阳光、空气接触，碘容易挥发。最好放在有色的玻璃瓶内，用完后将盖盖严，密封保存。

四、忌加醋。碘跟酸性物质结合后会被破坏。据测试，炒菜时如同时加醋，碘的食用率即下降40%~60%。另外，碘盐遇酸性菜（如酸菜），食用率也会下降。

值得注意的是，人体摄入过多的碘也是有害的，是否需要在正常膳食之外特意"补碘"，要经过正规体检，听取医生的建议，切不可盲目"补碘"。

第六节 电蚊香释放甲苯浓度过高伤人体

灭蚊产品在人蚊对抗中起到了显著的作用，但同时也让人们付出了一定的"代价"。中国环境科学研究院环境污染与健康创新基地专家钱岩介绍，如果灭蚊品使用过量或使用方法不当，还是会对人体健康造成一定的影响，特别是对一些易感人群。

1.驱蚊液

主要成分为避蚊胺。将驱蚊液涂抹在身体上后，其因体温而蒸发，用以驱赶

蚊虫。但是，有很多人的皮肤对这种液体过敏，如果误涂抹在蚊虫叮咬等伤口或者皮疹上，还会引起皮肤疾病。

2.花露水

主要成分为花露油及少量酒精，在驱蚊的同时还有解暑抗炎的作用。使用花露水时应注意不可全身涂抹，否则会导致身体发痒、出冷汗、腹泻等症状，如果误入眼睛会导致角膜损伤。在给婴幼儿使用时，要稀释4~5倍。花露水含酒精成分，放置时要远离明火。

3.蚊香和喷雾杀蚊剂

这两类产品主要成分都是菊酯类。固体蚊香中还含有少量香精，喷雾剂中还含有少量有机溶剂。电蚊香还会释放甲苯等物质。短时间接触这些化学物质对人体危害不大，但如果浓度过高或过长时间地接触，它们就可通过呼吸道黏膜进入体内，产生过敏性咳嗽或哮喘，尤其对幼儿、孕妇等免疫力较低人群和一些有气道高反应性和过敏体质的人不利。一些非正规厂家生产的杀蚊剂含有敌敌畏等违禁化学品。在空气中传播后会使人产生胸闷、头晕等不良反应，严重的还会产生致畸致突变效应。

4.灭蚊灯、灭蚊扇

都是利用蚊虫对特定光波的趋向性来吸引蚊虫，然后以高压电流击灭蚊虫，灭蚊扇还可用叶片绞死蚊虫。这种灭蚊方法不会产生有害物质，但是在灭蚊时会发出很响的声音，会对夜间睡眠产生影响。对于儿童具有一定的危险性。灭蚊灯需放置在1.5~2米的高度，才具有明显的捕杀效果。

5.灭蚊拍、灭蚊纱窗

与灭蚊灯相似，但不发光，直接利用高压电击毙蚊虫。由于是带电装置，产品的质量参差不齐，故存在着安全隐患。

6.超声波灭蚊器、光触媒灭蚊器

二者都是仿生学的产品。前者是模拟蜻蜓或蚊子所发出的声音驱蚊灭蚊，后者是模仿人体产生的热量、CO_2、水蒸气、呼吸样流动空气等吸引并捕获蚊虫，使其脱水风干而死。这两种灭蚊器对人体影响很小，但价格相对较贵，而且灭蚊效果不如杀蚊剂等产品。

菊酯蚊帐、灭蚊涂料

用菊酯浸泡过的蚊帐和含有菊酯的灭蚊涂料是近些年新兴的产品。菊酯蚊帐一般用于疟疾等传染病流行地区，用来杀灭传播疾病的蚊虫；灭蚊涂料则在灭蚊持续时间的长效性上有了明显的提高。目前尚未发现它们对健康有远期影响的报道。

第七节　氟与人体健康

氟是人体所必需的微量元素，在体内主要以CaF2的形式分布在牙齿、骨骼、指甲和毛发中，尤以牙釉质中含氟量最多（约含0.01%～0.02%）。

人体对氟的摄入量或多或少最先表现在牙齿上。当人体缺氟时，会患龋齿、骨骼发育不良等症，而摄入氟过多又会患斑釉齿，超量时还会引起氟骨症（即大骨节病）、发育迟缓、肾脏病变等。

龋齿　俗称虫牙或蛀牙，是牙齿发生腐蚀的病变。牙齿的主要成份是羟磷灰石 [$Ca_5(OH)(PO_4)_3$或$3Ca_3(PO_4)_2Ca(OH)_2$]，正常情况下，人体摄取的氟与羟磷灰石作用在牙齿表面生成光滑坚硬、耐酸耐磨的氟磷灰石$CaF_2Ca_3(PO_4)_2$，这是形成牙釉质的基本成份，而当缺氟时，构成牙釉质的氟磷灰石逐渐转化成易受酸类腐蚀的羟磷灰石，使牙齿被向内腐蚀而形成龋洞，且渐扩大直至全部被破坏。正常摄入氟，能维持或促使牙釉质的形成，也能抑制牙齿上残留食物的酸化，故氟有防龋作用。

斑釉齿　是在牙釉面形成无光泽的白垩状斑块或黄褐色斑点，甚至发生牙齿变形，出现条状或点状凹陷的病变。斑釉齿可能是由于摄入氟量过多而妨碍了牙齿钙化酶的活性，使牙齿钙化不能正常进行，色素在牙釉质表面沉积，使牙釉质变色且发育不全所致。

人体对氟的生理需求量为0.5～1mg/d，通常摄取的氟主要来源于饮水，此外在谷物、鱼类、排骨、蔬菜中也含微量氟。一般情况下，饮食中的氟并不能完

全被吸收，不同状态的氟（指不同食物中氟的存在方式）在人体内的吸收率也不同，饮水中的氟吸收率可达90%，而有机态氟的吸收率最低。正常情况下，人通过日常饮食便可摄入所需量的氟。

在人体必需元素中，人体对饮食中氟的含量最为敏感，从满足需求到由于含氟量过多而导致中毒病变的量之间相差不多。因此氟对人体健康的安全区间比其它微量元素要窄得多。故要特别重视自然环境和饮食中氟含量对人体健康的影响，尤其是工业排放的氟对环境污染给人类带来的危害。市场上销售的氟化牙膏中含有一定剂量的F－离子（NaF、SrF2等），在低氟地区使用具有防龋作用，但在高氟地区一定要谨用。

第八节　铬　锗　硒在人体中有什么功能

铬盐属于有毒物质，但微量的铬在人体中与胰岛素协同作用进行糖的代谢，协助输送蛋白质，具有促进发育，预防高血压，预防糖尿病的作用。人体对铬的需用量极少，不必特别补充。食用牛肝、麦芽、酵母、鸡肉、玉米油、蛤类等含铬的食物，服用含锌的营养补品，就能弥补铬的不足。

近年来，随着电子工业的发展，锗已成为人们熟知的优良的半导体材料。科学家们近来发现，它不仅是电子工业的"粮食"，而且在人体保健、抗癌、治癌方面有奇异的作用。

锗在人体内的功能是多方面的。首先，由于它具有脱氢能力，能够使体内保持充足的氧，从而维护人体健康。在人体中，食物的分解是借助氧气进行的。在食物分解过程中，需要消耗氧，同时生成水和二氧化碳。如果没有充足的氧，就有可能使机体引起疾病。而锗能把人体内的氢离子带出体外减少了对氧的需求量，从而有利于健康。日本科学家在蜂蜜中加入二甲基锗氧化物的多聚物，成为畅销的保健品。

最令人注意的是有机锗（二羧乙基锗三氧化物）的抗癌作用。根据研究及实践证明，有机锗能与人体中的"废料"结合，体内和血管壁上的多余的蛋白质和癌细胞也会被吸附，20～30小时后，携带"废料"的锗，会自动从体内排出。肿瘤患者的血液呈高凝状态，血流速度减慢，癌细胞极易在血管壁附着，浸润和破坏血管壁。同时，由于血液粘度高，极易形成血栓，把癌细胞包裹起来，使药物难于奏效。由于有机锗具有降低血液粘度的作用，因而能减缓上述作用，起到抗癌作用。

此外，有机锗还能保护红血球，抵抗外来射线的袭击，使之不受损害。当用γ射线进行治疗时，先服用有机锗，就能大大减少红血球的损失。

由于锗有上述功能，目前日本产业界已经制成含锗的养蜂饲料和家禽饲料，从而提高蜂蜜和蛋类中锗的含量，通过摄入这些食物，使人体中含有微量锗。

硒是制造电子元件的重要材料，也是人体必需的微量元素。虽然人体内含硒量不多，对人体健康却有重要作用，硒是谷胱甘酞过氧化物酶的一个不可缺少的组成部分。谷胱甘肽过氧化物酶参与人体的氧化过程，可阻止不饱和酸的氧化，可防止因氧化而引起的老化、组织硬化。避免产生有毒的代谢物，从而大大减少癌症的诱发物质，维持正常的代谢。科学家发现，东方民族的癌症发病率明显低于欧美，其中一个重要原因就是东方人硒的摄入量较多。大蒜有预防癌症的作用，就是因为含有较多的硒元素。此外，硒对导致心脏病的镉以及砷、汞等有毒物质也有抵抗作用，是有效的解毒剂。

据科学家分析，人体中有一种含硒的酶，能催化并消除对眼睛有害的自由基物质，从而保护眼睛的细胞膜。另外，瞳孔的收缩和眼球的活动所引起的肌肉收缩等，都离不开硒的作用。

科学家认为，人体每天必须摄入50mg～250mg硒。如果人体缺硒，就容易患大骨节病、克山病、胃癌等。硒还具有减弱黄曲霉素引发肝癌的作用，抑制乳腺癌的发生等作用。因此。必须注意摄取含硒的食物。鱼、龙虾及一些甲壳类水产品中，含硒量极为丰富。其次是动物的心、肝、肾等脏器。蔬菜中如荠菜、芦笋、豌豆、大白菜、南瓜、洋葱、番茄等也含一定量的硒。谷物的糠皮中也含有少量硒。摄入硒的数量必须适当。如超过人体需要，可能引起肺炎、肝、肾功能退化等病症。摄入大量的硒，可能因慢性中毒而死。

第九节　喝豆浆时千万别犯这5个错

豆浆，老百姓爱喝、常喝，可是别犯下面这些错误，才能更好地为健康加分。

错误1：早晨空腹喝豆浆，营养能被很好地吸收。

建议：如果空腹饮豆浆，豆浆里的蛋白质大都会在人体内转化为热量而被消耗掉，营养就会大打折扣，因此，饮豆浆时最好吃些面包、馒头等淀粉类食品。另外，喝完豆浆后还应吃些水果，因为豆浆中含铁量高，配以水果可以促进人体对铁的吸收。

错误2：煮豆浆时，往豆浆里加个鸡蛋，会更有营养。

建议：豆浆中不能冲入鸡蛋，因为蛋清会与豆浆里的胰蛋白结合产生不易被人体吸收的物质。

错误3：豆浆营养丰富，男女老幼，人人都适宜。

建议：豆浆性平偏寒，因此常饮后有反胃、嗳气、腹泻、腹胀的人，以及夜间尿频、遗精的人，均不宜饮用豆浆。另外，豆浆中的嘌呤含量高，痛风病人也不宜饮用。

错误4：自己动手做豆浆，豆浆只要加热就行了。

建议：饮未煮熟的豆浆会中毒，因为生豆浆中含有皂素、胰蛋白酶抑制物等有害物质，未煮熟就饮用不仅会难以消化，而且还会出现恶心、呕吐和腹泻等中毒症状。

错误5：豆浆一次喝不完，可以用保温瓶储存起来。

建议：不要用保温瓶储存豆浆。豆浆装在保温瓶内，会使瓶里的细菌在温度适宜的条件下，将豆浆作为养料而大量繁殖，经过3~4小时就会让豆浆酸败变质。

第十节　喝水过多致水中毒的致命因素

由于气温的不断升高，在炎炎夏日里，人很容易会出现全身乏力、食欲不振、容易出汗、昏昏欲睡等症状。因此，在这个炎热的夏天里拥有一个合理的饮食习惯对于缓解上述症状会非常有帮助。

什么是水中毒

短时间内过量饮用水会导致人体盐分过度流失，一些水分会被吸收到组织细胞内，使细胞水肿。开始会出现头昏眼花、虚弱无力、心跳加快等症状，严重时甚至会出现痉挛、意识障碍和昏迷，即水中毒。

我们经常会得到"多喝水"的忠告：它能清洁皮肤、减少疲劳和集中精力。但是这位美国女性在参加完喝水比赛后死亡的事实说明，对身体有好处的水喝太多了也会要命。

据英国广播公司报道，这位叫詹妮弗·斯特兰格的参赛者在进行完比赛后曾表示自己头部剧烈疼痛，然后就回了家，不久有人发现她已经死亡。初步的检查显示她是死于水中毒。

喝太多水最终会引发脑胀，导致大脑控制呼吸等重要调节功能终止，引起死亡。

通常情况下，人们喝进体内的水首先通过尿液和汗液排出体外，体内水的数量得到调节，使血液中的盐类等特定化学物质的水平达到平衡。如果你喝了太多的水，最后肾不能快速将过多的水分排出体外，血液就会被稀释，血液中的盐类浓度被降低。

谢菲尔德皇家哈兰郡医院临床化学与法医毒物学顾问罗伯特·弗莱斯特教授表示，血液中盐类的浓度如果比细胞中的浓度还低，水就会从稀释的血液中移向水较少的细胞和器官，而这将引起相应的器官的膨胀，引发机体的严重后果。

弗莱斯特教授将这种现象与自然课实验中看到的结果作比较。他说："如果你将盐水放到洋葱表皮上，它的细胞会因失水萎缩，如果将太多的水放在它上面，细胞就会吸水膨胀。"

弗莱斯特表示，这种膨胀会促使大脑出现问题，当脑细胞膨胀时，外面骨质的脑壳让胀大的体积无处可去。脑内的压力增加，这时你可能就会感到头痛。随着大脑的挤压，呼吸等重要的调节器官功能区域受到压迫。"最后这些器官功能将被削弱，这时你可能就会停止呼吸，最终死亡。

服摇头丸者、肾功能衰退者及老年人水中毒风险最高

水中毒的预兆包括：心理混乱和头痛。这种症状通常发生在饮水后不久，但是如果内脏吸收水的速度更慢，它就会在很长时间后才发生。

医学证实，在一段相当短的时间内喝几升水可能就会引起水中毒。其中最危险的因素包括人们服用了摇头丸，这种药物增强了口渴的感觉，并促进抗利尿激素的释放，因此他们喝进更多的水，但却无法排出体外。还有，老年人的肾功能可能已经衰退，因此也存在水中毒风险。

弗莱斯特教授说，对过度饮水进行治疗其实"相当简单"。它包括：给患者服用利尿剂，帮助他们降低水载荷或利用药物降低因过多水引起的膨胀。

专家建议：人需要根据机体需要喝水

人每天都要喝水，但究竟怎么喝水，该喝什么样的水，始终搞不太清楚。对此，中国医促会健康饮用水专业委员会主任李复兴说，人们需要根据自身机体需要及活动状况来选择喝什么水。

李复兴说，大量运动过后或者在烈日暴晒之后一定要喝含有大量电解质的水，比如市场上的运动饮品，它能够迅速地为人体补充电解质以及流失的一些微量元素。并且要注意的是一定不能喝纯净水，容易造成脱水。纯净水就是把水里面所有的物质全部去除，但是在去掉坏的有机物同时，也将人体需要的有机物去掉，这样的水并不能长时间的饮用。纯净水成弱酸性，而我们身体所需的水是弱碱性，长期饮用纯净水很容易造成人体免疫功能降低、营养成分流失等一系列的问题。

另外，李复兴强调，对于脑力劳动者来讲，繁重的工作常常使人感到注意力不集中、记忆力减退，这就是人脑部细胞缺水的反应，脑细胞的高速大量的运动会使它消耗大量的水分，很容易脱水，所以脑部劳动者一定要注意补水，保持脑部细胞的水分。

李复兴还指出，在空调环境下，人们很少出汗就认为不需要补水，这个想法是错误的，空调环境本身就是个消耗水分的环境，也要同样注意及时补水。

第十一节　黄酒为何要烫热喝

黄酒是以粮食为原料，通过酒曲及酒药等共同作用而酿成的，它的主要成分是乙醇，但浓度很低。

黄酒中还含有极微量的甲醇、醛、醚类等有机化合物，对人体有一定的影响，为了尽可能减少这些物质的残留量，人们一般将黄酒隔水烫到60~70度左右再喝，因为醛、醚等有机物的沸点较低，一般在20~35度左右，即使对甲醇也不过65度，所以其中所含的这些极微量的有机物，在黄酒烫热的过程中，随着温度升高而挥发掉，同时，黄酒中所含的脂类芳香物随温度升高而蒸腾，从而使酒味更加甘爽醇厚，芬芳浓郁。因此，黄酒烫热喝是有利于健康的。

第十二节　健康——从饮水开始

一、不要把自己的身体当成过滤器

1个水分子（H_2O）由两个氢原子和1个氧原子构成。水是人体内含量最多的成分，只要失掉15%的水，生命就有危险。在我们经由口所摄取的饮食上，没有哪种具有比水更重要的作用。没有食物，我们可以存活2至3周，而没有水，我们几天后就会死于脱水。人在孤立无助的困境中，只要有水，生命就会维持较长时间；生病时若无法进食，需要补充的首先是水。

口干是身体发出的需水信号，我们常常在此时才喝水。事实上，这时我们的身体已脱水了。这种口干才喝水的不良习惯，导致我们的身体经常性脱水，随之危害健康。概括起来讲，水的生理作用主要有：消化食物，以体液来溶解营养物质，传送养分到各个组织，担负吸收和搬运的任务；排泄人体新陈代谢产生的废物；保持细胞形态，提高代谢作用；调节体液粘度，改善体液组织的循环；调节人体体温，保持皮肤湿润与弹性。因此，最好的办法是平时注意适时适当地补充

水分，避免发生脱水。否则，身体经常性地、持续地缺乏水分，新陈代谢就无法顺利进行，身体的功能也会逐渐衰退。

医学专家综合人体的需要，认为人一天平均摄取2.5升水是适当的。人体所需的水分，首先从饮水获得，其次才从食物中获得。当摄入充足的水后，血液、淋巴液的循环才会呈现良好状态。这样，既可保证供给身体所需的营养物质，又能够溶解废物，并消除毒素，进而增进内脏功能，皮肤也会滋润、光滑。这对年轻人和小孩的健康是必需的，对老年人尤为重要。

水是常常被人们忽视的却又是人体所需的最基本的养分，代表了生命、健康、青春和活力。既然如此，我们就应养成每天摄取适量水的习惯，避免脱水。

二、喝什么水真的那么重要吗？

人体中75%是水，人体中水的总量约为40升，我们体内血液的78%都是水，但是，我们的心脏却能过滤出它的4.5倍即180升的血液。又比如，世界卫生组织（WHO）统计，全球80%的疾病以及1/3以上的死亡直接来源于不清洁的饮用水。因为水污染，全世界每年有5000万儿童死亡，3500万人患心血管病，3000万人死于肝癌，胃癌，9000万人患肝炎，7000万人患胆结石，肾结石。因此，水质决定着人的体质再比如，我国有523条河流，目前有436条已经严重污染，水中的有机化学污染物已达2221种，有毒藻类1441种。北京每年有10亿立方米的工业废水和生活污水难以处理，"北京两水盆"之一的官厅水库早在1997年就因上游大量污水的排入而被迫退出饮用水供水系统，北京水系的污染比缺水更严重。有关专家一致结论：终端净化，把饮用水和使用水分开。不要把自己的身体当成过滤器。

以上我们讲过，人类80%的疾病与饮水不洁有关。在自来水中，已发现765种有机污染物，有20种被确认为致癌物，23种为可疑致癌物，18种为促癌物，56种为诱变物。主要致癌物有：石棉、三氯甲烷、苯、氯乙烯、四氯化碳、二氯甲烷、甲醚、氰化物、多种农药及重金属砷、铬、镍和汞等。不合格的饮用水一是造成介水传播疾病，它可在短时间内呈区域性、人群性爆发流行；二是造成对人体健康长久的慢性损害。如饮用水中含有氧化物、氯化物、汞及铅等重金属化合物可影响肾脏和中枢神经，并可致癌；钙镁氧化物、氧化锌、氧化铝、三氧化二砷、胶质可影响肝脏和神经系统，可致结石，并致癌；硫酸铝和有机磷农药亦可

青少年应该知道的化学知识

影响肝脏、肾脏及神经系统；氧化铁超标还可引起尿毒症及代谢失调；微量元素氟超标会引起氟中毒，是一种全身性慢性疾病，可破坏儿童牙齿，并使成人骨骼增生，弯腰驼背。

水是地球上的万物生命之源，是人类赖以生存的基本物质。地球上97.2%是海水，2%是淡水，而可以利用的淡水资源不足淡水总量的1%。就是这1%可以利用的淡水也在日益受到污染和破坏。其污染的来源不仅是早期的物理污染和生物污染，还有更严重的现代化学污染。在我国，地下水污染严重，三氯和硬度指标在逐年加重，大量河流的氮、磷含量严重超标。每年360亿吨的生活和工业废水排入江河湖海，其中95%未经任何处理。如今，97%的国人饮用次生污染的水，7亿人饮用大肠杆菌含量超标的水，1.7亿人饮用有机物污染的水。既然水占人体重量的75%，而我们面对的又是这样的水环境，您能说喝什么样的水不重要吗？

三、喝饮料不如喝白开水

这不仅因为饮料在价格上比白开水要贵上几倍甚至几十倍，支付的费用要高，更主要的是饮料中含有的糖或糖精及大量的电解质对人体有负面作用。

在人们常喝的饮料中，一杯大都含有6至7匙糖，营养学中称之为"虚卡路里"，即一些毫无营养的热量，它们进入胃后与胃酸、酶及内容物产生生化反应，从而增加对胃的刺激影响、扰乱消化系统的功能，同时增加肾脏负担，影响肾功能。如果从饮料中摄取过多的虚卡路里，可能导致儿童不能正常进食，缺乏所需足够的脂肪和蛋白质。另有资料显示，在偏爱碳酸饮料的青少年中，有60%的人缺钙。而温开水能提高脏器中乳酸脱氢酶的活性，有利于及时消除疲劳，焕发精神。又经济又实惠，又利于身体健康的白开水的确值得常常饮用。

四、既然自来水是经过净化处理的，为什么还要提倡喝纯净水？

应该说，自来水厂生产的水是符合饮用标准的。但是，这并不表明它是标准的饮用水。原因有二：（1）自来水在生产过程中用氯净化水虽可杀死病原微生物等有害物质，但加入氯本身又可造成新的化学污染。氯可与水中的有机物生成三氯甲烷，它是一种致癌物质。同时，氯还破坏营养，易导致心脏病。（2）

在自来水的管网中，长距离管道运输，管道陈旧生锈，城市高楼水箱和楼群蓄水池不清洁或常年使用不消毒，都可造成二次污染。二次污染使细菌、病毒和藻类繁殖，再加上原有的氯及氯化物、铁锈、重金属、放射性物质、使水体浑浊、有异味，其害无穷。所以说，自来水并不是标准的饮用水。在各种污染日益加重的环境下，我们喝到身体里的水一定要有严格的标准。还水的本来面目，喝纯净水才符合人体的需要，并且喝生水比喝开水更有利于人的健康。因为开水失去氧气太多，喝开水不利于向人体供氧。可能有的朋友要说，我喝了一辈子自来水，身体不照样挺好的吗？其实不然，首先，人体的疾病是个积累和渐进的过程，如果您不饮或少饮不洁的水，身体肯定比现在更健康。其次，现在的水环境也不能与若干年前相比。以前的水污染主要来源于有机物和自然界的污物，主要污染物质为细菌和病毒，因此，经过煮沸后的自来水基本可以达到消毒的目的。而现代水污染我们以上已经讲到，主要是工业废水中的化学污染和重金属，而这些污染物通过把水煮沸的办法是不可能去除掉的。因此，煮沸的开水同样不是标准的饮用水。

纯净水在制造过程中几乎去除了水中所有的杂质，是水的本来面目，可直接生饮，甘醇爽口，对人体的好处是多方面的：（1）溶解度高，与人体细胞亲和力最强，有促进新陈代谢的功效。（2）能消除人体消化系统中的油腻，消除血管上的血脂，降低胆固醇。对高血压、动脉硬化、冠心病患者有好处。（3）煎服中药时，能毫无保留地泡出草药中深藏得固有的药的成份，中药能最大地发挥药性。服药时饮用纯净水有助于药物充分溶解、吸收，提高疗效。（4）可滋润皮肤，消除皮肤上的分泌物，能保持皮肤细腻光泽，有利于美容，是最便宜的美容品。（5）纯净水可延缓乙醇的吸收，防止饮酒后的腹泻，有解酒作用。（6）用纯净水冲茶能适当调节鞣酸的溶解，使茶色明亮，茶味香醇，不仅口感好，还没有茶锈，您更能体会到"三分茶，七分水"的意境。（7）用纯净水煮汤做饭味道鲜美可口。（8）汽车水箱、加湿器、电熨斗等使用纯净水不会结垢，可延长使用寿命。（9）纯净水是富氧水，能活化细胞及内脏，增强免疫力和抵抗力。

自来水中也含有一些有益的金属离子，纯净水在制造过程中把这些物质也去除了。所以建议纯净水与矿泉水交替饮用。

五、健康的饮用水与分类:

饮用水的种类现在市面上有:矿泉水、纯净水、蒸馏水、活性水、矿化水、磁化水、电解离子水、自然回归水。

矿泉水以含有一定的矿物盐、微量元素或二氧化碳气体为特征,具有较高的营养价值和保健作用,因而很受消费者欢迎。国家标准《饮用天然矿泉水》规定的饮用天然矿泉水指从地下深处自然涌出的或经人工揭露的、未受污染的地下矿水。该标准明确归规定了一些矿物质和微量元素的界限指标,如碘$\geq 0.2mg/L$,硒$\geq 0.01mg/L$,锌$\geq 0.2mg/L$等。据地质部门的统计,国内天然矿泉水的富矿地就十来个地区,矿泉水作为有限资源,形成需要长达数10年的过程。所以,在矿泉水市场正规化的欧洲国家,矿泉水的价格是同剂量啤酒的几倍

纯净水,也称为纯水。一般取之于江河湖泊这些地表水或是一般的地下水,水质至清至纯,不含细菌及有机污染物,无机盐和微量元素含量也较低。

"纯净水"和"饮用纯水":1999年1月1日,我国开始实施《瓶装饮用纯净水》和《瓶装饮用纯净水卫生标准》。这两项标准对瓶装饮用"纯净水"的定义是:"以符合生活饮用水卫生标准的水为原水,采用蒸馏法、去离子法或离子交换法、反渗透法及其它适当的加工方法制得的,密封于容器中,不含任何添加物,可直接饮用的水"。

蒸馏水是将原水加热煮沸,使水蒸发成气体,遇冷凝结成无菌的蒸馏水。它可以去除水中的重金属、病菌和细菌,但却不能去除荧光物,不能完全去除氯、三氯甲烷、有机物和放射性离子。这种水饮用后会引起一些疾病,影响人体健康。

活性水的特征是既符合国家饮用水卫生标准的基本要求,同时又具有某些有利于人体健康的特殊功能。根据不同的加工工艺和附加功能,目前已上市的产品有矿化水、磁化水、电解离子水、自然回归水等。

对于喝哪种水有益健康,哪一种水会损害健康,国内的学术界仍在争论,尚未有统一的说法,但焦点集中在纯净水和矿泉水所含的营养物质上。电解离子水不但包含了纯净水和矿泉水的优点,还有小水分子团、渗透力强,促进人体新陈代谢等优点。是未来流行的家庭饮用水。

六、饮水污染与癌症

水是生物体生命不可缺少的物质，水在自然界的分布很广，极易受到人类活动的污染。随着工业发展，工业废水污染饮用水源，或用污水灌田污染农作物，对人体可造成直接或间接危害。近年来调查研究发现，在饮水受污染地区的居民癌症死亡率增高。现将饮水中的致癌物质分述如下：

1.砷:砷在自然界中普遍存在，但一般含量很低，对人体无危害作用。如果长期饮用含砷量较高的水，可引起色素沉着症、角化症及皮肤癌。

2.微生物:微粒病毒、细菌和原生动物是饮用水中主要致病微生物性污染物。其中病毒（乙型肝炎）与人类癌症有关。

3.放射性核素:有关的放射性物质主要包括：钾、氧、碳、铷、镭的裂变物。铀、钍、氡等含量太微，尽管普遍存在于饮水中，但没有公认为是癌症的决定环境因素。

4.固体微粒:值得注意的是石棉微粒。但饮用含石棉的水尚未得到与职业有关的相同致癌结论，它对人类的影响可能需要20~40年的时间才能看到。

5.无机溶解物:如铬、镍等金属来源于工矿废弃物对土壤的污染。再是硝酸盐类污染物都是致癌物质。目前，认为氟是可疑致癌物。

6.有机化学物:近年发现千余种有机化学制品存在于某些类型的饮用水中，其中至少有60种已鉴定为怀疑致癌物。其中与人类有关的如氯化乙烯、苯和三氯甲醚。

7.饮水加氯消毒的可能危害:首先必须肯定，饮水加氯消毒是目前主要的消毒措施，其消毒效果可靠，行之有效。水中的卤代甲烷化合物是氯和被污染水中的有机碳起化学反应而形成的。美国曾对饮用地面水与氯消毒水的居民进行癌症死亡率的调查，虽然二者结果有显著统计学意义，但尚难断言存在因果关系，故近年来有些国家的学者认为从氯仿的剂量反应关系来看，似乎不必产生惊慌，即便产生一些卤代烃类物质，只要设法去除，就可以起到安全而无危害的作用。

青少年应该知道的化学知识

第十三节　警惕氢气球爆炸伤人

初中化学教材在"氢气的性质和用途"一节中介绍了氢气的燃烧及氢气与空气混合气的爆炸演示实验，并指出，如果反应在密闭的或容积大而口小的容器内进行，气体（指氢气和空气的混合气体）不能排出或来不及排出，就会爆破容器，发生危险。强调在使用氢气时，要特别注意安全。点燃氢气前，一定要检验氢气的纯度。检验气氢气的纯度不但编有演示实验，而且还有学生实验。如果严格按照教材上的内容做，是不会发生问题的。

但前些年来，各种报纸上刊载过若干起氢气球大爆炸，引起大量群众，特别是学生被炸伤、烧伤的严重事故。引起爆炸的原因，大概有以下几种：1.用打火机去烧系气球的牵绳；2.鞭炮与氢气球"狭路相逢"；3.哄抢气球中吸烟；4.自制气球气罐爆炸；5.广告气球逸出撞车爆炸，等等。下面介绍一些典型例子，希望引起大家注意。

例子一：用打火机去烧系气球的牵绳。

据1996年4月24日《人民日报》载，1995年1月8日浙江省台州市举行撤地建市招商会。会议在浙江省台州椒江电影城前的小广场举行。那天人山人海，还有1800多只色彩鲜艳的气球在空中飘动。会议的最后一个内容是放氢气气球。气球队由40多名中学生组成，每人手里拿着两束气球。由于开幕式时间长，一些拴气球的线缠到一起了，分也分不开。有位女同志就向旁人借来打火机，想烧断缠在一起的线。点火后，立即"啪"的一声，犹如闪电，随着第一只气球爆炸，空中便出现了一个火球，小广场顷刻间成为火海，温度高达1000℃多。据1996年2月18日的《中国环境报》报道，中学生们根本来不及作出任何反应，霎那间已面目全非：有的面部被烧黑了，有的头发眉毛被烧糊了，也有的因那耀眼的闪光而一时失明，不少人还被炸翻在地。广场上乱成一片，哭喊声、呼救声伴着一股焦味四起。连同维持秩序的警察、看热闹的群众，共有近百人被送进了医院。事后统计，受伤住院的57人中，二度烧伤者达60%，数名重伤员甚至做了植皮手术。

事实上，在此之前，浙江省已发生过类似事故。1994年3月28日，在绍兴中

国轻纺城竣工开业典礼上，居然曾有人点燃打火机去"烧烧看"，结果受害最严重的是中学生。6月24日，杭州市西湖区全民健身计划启动仪式在靠近西湖的杭州市少年宫广场举行，排在广场中间的大学生队、青年队、妇女队和军人队手持气球。青年队中的一位想开个玩笑吓伙伴们一跳，竟掏出了打火机，要炸一个氢气球，可是气球的反应非常敏捷，"嘭"一声巨响，500只氢气球连锁操作，全场大乱。七八十人送去了当地医院，部分属一度烧伤的伤员转送到市里的整容医院等处治伤。

例子二：鞭炮与氢气球狭路相逢。

1995年4月26日，同样在浙江省，某公司在丽水市召开全国洗涤用品订货会，组织了一群盛装的女职工为开幕庆典释放氢气球。仪式开始，鼓号齐鸣，鞭炮震天。哪知，鞭炮与氢气求一对"冤家"狭路相逢。40多名女工被几百只氢气球炸翻在地，手臂及脸部均有不同程度的烧伤。

例子三：哄抢氢气球中吸烟。

1997年10月19日上午11时，河南省开封市郊的交通大酒店举行开业大典。准备放飞的1666只氢气球突然被数十名围观群众哄抢。因哄抢中有人抽烟，引起氢气球爆炸，致使16人被烧的面目全非。经开封市第一人民医院全力抢救，伤员们的生命保住了，却留下了累累疤痕和终生遗憾。

例子四：自制气球气罐爆炸。

天津市停薪留职人员贾某在地区关嘴村从事个体销售氢气球工作。1994年3月13日中午一时左右，贾某在关嘴村农贸市场设摊边卖气球边用铝条、硫酸等原料自制氢气。由于不懂化学等原理，气罐内气压猛增，温度升高，造成爆炸。贾某自己被炸得血肉模糊，当场死亡，气罐也飞出十多米远。所幸当时周围并无其他人员。

1997年2月大年初三的下午，河北三河县的一个地方，一群孩子围着一个卖气球的摊主争相挑选喜爱的氢气球。猛然一声巨响，气球摊边的人全部被爆炸的钢桶击倒在地，人们急忙将7个伤者送到当地医院。经检查，7人中有了3人眼部被炸伤，1人手掌被炸断，其余人受到不同程度的伤害。手掌被炸断者送北京儿童医院外科时，处于昏迷状态，头、腿部多处破裂，右手掌被炸成两半，只靠一点皮肉连接。医务人员全力抢救后，孩子终于苏醒，但留下终生残疾。爆炸的钢

118

青少年应该知道的化学知识

桶是制氢气者在家利用钢板自己焊接的，原料是火碱、开水、铝镍混合制成，因自制钢桶承受不住压力而爆炸（即：$2Al+2NaOH+2H_2O=2NaAlO_2+3H_2\uparrow$）。

例子五：广告气球逸出撞车爆炸

1995年9月底一天，山东济南市商场的一只广告氢气球因泄气而被风吹了下来，撞在一辆停着的面的上爆炸。一名小学生正巧路过被炸伤。

1997年10月27日上午8时，广州市第二公共汽车公司的一辆普通客车，行至广州北环高速公路"广氮"公司附近，车头突然与一个不知从何处飘来的氢气球相撞，氢气球立即爆炸。在爆炸气浪的冲击下，客车的玻璃全部碎裂，车辆部分扭曲，司机面部被严重灼伤，还有几名乘客受轻伤。据推测，氢气球可能是从某个单位庆祝活动中"逃逸"出来的。

我们学习了有关"氢气的性质"的知识，并已知道空气里如果混入氢气的体积达到总体积的4%～74.2%，点燃时就会发生爆炸，因而在面临上述这些情况时，就要联系到这个原理，格外小心，以免发生伤亡事故。

第十四节　科学饮食降"三高"

我们知道"三高"指血压高、血脂高、血糖高，那么我们是否可以通过食疗来降低"三高"呢？事实证明如果我们科学饮食，是可以做到的。

1.调节血压

高血压已是我国一大病种，患者已近亿人之多。城市中老年占较大比例，近年也发现青年人中及农村患者有增多趋势。

目前已知有70多种中药具有降压作用。其中天麻、钩藤、菊花、罗布麻叶、羚羊角可有效改善眩

晕；独活、杜仲、桑寄生、巴戟天、怀牛膝能明显减轻腰酸软；丹参、酸枣仁、五味子、柏子仁能改善心悸失眠。这些中药辨证施药治疗高血压病会有较好的疗效，若用于老年高血压，要顾及老年多瘀、久病多虚的情况。

槐花、葛根、山楂、荷叶、桑寄生、决明子（炒黄）、决明子配干西瓜皮、

决明子配莲心、杜仲花配槐叶尖、苦丁茶配甘菊花、霜桑叶、白茅根，均可水煎代茶饮，对降血压有一定帮助。其中山楂适用于兼有冠心病、高胆固醇者；决明子适应于兼有头晕目眩、视物不明、大便秘结者；干西瓜皮适用于兼有下肢浮肿、小便不利者；莲子心适用于兼有心烦、失眠、坐卧不宁者；葛根有改善脑部血液循环作用，可用于高血压引起的头痛、眩晕，有缓解症状作用；荷叶有清热解暑、减肥的作用，宜于夏天饮用。

2.调节血脂

我国高血脂症患者不少于8000万人，有医疗机构对9个国家机关共6000名公务人员体检，结果患有高血脂症者占24.67%，其中男性高于女性。有专家认为，中药复方降脂效果不差，不良反应较少，应在这方面进行研究。

药理研究及临床使用有降脂作用的中药情况如下。

有以降低胆固醇为主要作用的中药或食物：蒲黄、泽泻、人参、刺五加叶、灵芝、当归、川芎、山楂、沙棘、荷叶、薤白、大豆、陈皮、半夏、怀牛膝、柴胡、漏芦等。

有以降低胆固醇及甘油三酯作用的中药或食物：大黄、何首乌、虎杖、绞股蓝、冬虫夏草、枸杞、三七、银杏叶、女贞子、桑寄生、葛根、水蛭、熊胆、决明子、月见草、姜黄、茶叶、大蒜、马齿苋等。

随着研究工作的深入，对高血脂症近年有新的认识，血脂不能降得过低，尤其老年人，有调查资料显示，血脂过低的老年人健康状况反而差些。另一方面，血脂中的高密度脂蛋白有对抗动脉硬化的作用，升高有益，降低有害。因此，在配方设计上尽可能选用有双向调节作用的中药。如山里红（山楂的一种）水浸膏能显著降低血清总胆固醇含量，并能明显增加血清中高密度脂蛋白的含量，麦芽、酸枣仁、昆布等也有相似作用。

有一些中药有多方面作用，如决明子、山楂、何首乌、荷叶既有降血压作用，又兼有降血脂作用，可水煮代茶饮。泽泻可显著降低血清中及肝内的血脂和胆固醇，兼有一定的降血压及降血糖的作用。

药茶降脂通便茶：生首乌15克、炒山楂30克、炒决明子30克，均打碎，沸水冲泡，1日一剂，长期服用。本方对高血脂症总胆固醇、甘油三酯超过正常值，伴有轻度高血压、便秘者最为适合。若大便干结，生首乌增加至30克，

青少年应该知道的化学知识

大便稀薄者，生首乌改用制首乌。高血压引起头痛，目红充血者可以加菊花10克，年老体弱者加黄芪20克、枸杞子15克。亦可以加灵芝、绞股蓝各10克，增强降脂作用。服用后通便作用较为明显，2～3次/日。服用半年后复查，上述两项指标均有不同程度下降，且高密度脂蛋白升高，部分患者出现明显降低血压、减肥作用。

药缮首乌30克，黑豆60克，甲鱼1只，红枣3枚，生姜3片。隔水炖熟，食用。对治疗高血脂症及冠心病有一定帮助。

3.调节血糖

我国糖尿病发病率逐年上升，已达2％，在城市及经济发达地区已达3％～4％，估计全国有糖尿病患者2000万。中药治疗糖尿病有两方面优势，一是作用温和且持久，二是改善患者整体症状，提高生活质量，延长寿命。

报道有降血糖作用的中药不少，现已公认有降血糖药理作用的中药有：牛蒡子、桑叶、葛根、知母、生地、玄参、赤芍、地骨皮、五加皮、苍术、茯苓、薏苡仁、麦芽、桔梗、昆布、人参、黄芪、白术、淫羊藿、山药、蛤蚧、熟地黄、白芍、麦门冬、石斛、玉竹、黄精、枸杞子、女贞子、山茱萸等。

在实验研究中，发现有些中药有升血糖作用，如紫苏、陈皮、龙胆草、秦艽、三七、瓜蒌、川贝母、全蝎、党参、刺五加、杜仲等，需慎用。

民间采用一些食物来防治糖尿病，如苦瓜、南瓜、番薯叶、山药、玉米须，以及冷开水泡粗老茶叶可参考。

第十五节　老年痴呆症的罪魁祸首

金属铝在现代工业中大显身手的同时，也渗入到了我们的家庭。为此有人开始研究铝对人体健康的影响。

长期以来，人们一直认为铝是一种对人体无害的金属元素，治疗胃酸过多的药——胃舒平的主要成分就是氢氧化铝。然而，近代科技的发展，对"铝无害论"提出了异议。1975年，美国佛蒙特医院雷弗教授等用电子显微镜和X射线衍射

光谱测定法分析了多名老年痴呆症患者的神经元，结果发现这些人的神经元中，铝的含量比正常人多了2~4倍。

后来，美国科学家达伦用原子吸收光谱分析了老年痴呆症人的大脑，发现他们脑中铝的含量竟是正常人的5倍。美国的一个医疗小组到世界上饮水含铝量最高的关岛调查，最后发现那里患老年痴呆症的人数比正常地区多了3~5倍。这些都证实铝是老年痴呆症的罪魁祸首。

那么，铝为什么会导致老年痴呆症呢？这个问题还在争论中。一般的观点认为由于三价铝离子有空的电子轨道，易与碱基对中含未成对电子的原子结合，并进入神经元细胞中，使神经细胞释放的传递物质如乙酰胆碱等不能顺利通过，从而导致神经传递系统受阻，引起铝的过量摄入往往是由于不正确使用铝制品引起的。大家知道，铝在空气中会形成一层致密的氧化铝，可保护它免受进一步的腐蚀，但这层保护膜并非坚不可摧，在酸性或碱性溶液中易被破坏。因此我们平时应养成科学使用铝制品的习惯，如不用铝制品存放酸、碱食物，尽量缩短食物在铝制品中的存放时间，尽量不用铝锅炒菜，让比铝硬的金属制品（如铁勺）与铝制品接触，不用硬质抹布如百洁布擦洗铝制品，等等。当然，平时加强体育锻炼，增强身体活力，也是防止铝元素在体内存积的好办法。

第十六节　铝制品为什么不能盛放含盐食品

铝制品的表面虽然有致密的保护膜，不易被氧化，但是当有较活泼的元素（如卤素）的离子存在时，氧化膜将这些离子吸附在表面，取代了膜中氧形成新的化合物。例如，有氯离子存在时，就会使一部分保护膜变成氯化铝，氯化铝易溶于水，因而使保护膜的结构遭到破坏，产生了孔隙，有害物质就可能渗入内部，加速铝制品的腐蚀。

食盐的成分是氯化钠，其中还含有少量氯化镁，在水中溶解后能电离生成氯离子，因此会破坏保护膜。氯化镁在溶解时会发生水解，使溶液呈酸性，使铝制品腐蚀的更快。因此不能用铝制品盛含盐的蔬菜及食品。

第十七节 镁在人体中的作用

镁是一种化学元素，人体内到处都有以镁为催化剂的代谢系统，约有一百个以上的重要代谢必须靠镁来进行，镁几乎参与人体所有的新陈代谢过程。

在人体细胞内，镁是第二重要的阳离子（钾第一），其含量也次于钾、镁具有多种特殊的生理功能，它能激活体内多种酶，抑制神经异常兴奋性，维持核酸结构的稳定性，参与体内蛋白质的合成、肌肉收缩及体温调节、镁影响钾、钠、钙离子细胞内外移动的"通道"，并有维持生物膜电位的作用

体内含镁量与几种常见病的关系

1.脑血管病

最近，日本学者通过调查发现，饮食中，镁、钙的含量与脑动脉硬化发病率有关科研结果显示当血管平滑肌细胞内流入过多的钙时，会引起血管收缩，而镁能调解钙的流出、流人量，因此缺镁可引起脑动脉血管收缩。脑梗塞急性期病人脑脊液中镁的含量比健康人低，而静脉注射硫酸镁后，会引起脑血流量的增加。血中钙离子过多也会引起血管钙化，镁离子可抑制血管钙化，所以镁被称为天然钙拮抗剂。实验还证实，脑脊液和脑动脉壁中保持高浓度镁是血管痉挛的缓冲机制。

2.高血压病

美国学者在研究高血压病因时发现：给患者服用胆碱（维生素B群中的一种）一段时间后，患者的高血压病症，像头痛、头晕、耳鸣、心悸都消失了。根据生物化学的理论，胆碱可在体内合成，而实际合成中，仅有B6不行，必须有镁的帮助，B6才能形成B6PO4活动形态。在高血压患者中往往存在严重的缺镁情况。

123

3.糖尿病

糖尿病是由于吃过多的动物性蛋白质及高热量所致。我们来看美国一位生化博士对糖尿病原因的叙述：当人体吸收的维生素B6过少时，人体所吸收的色氨酸就不能被身体利用，它转化为一种有毒的黄尿酸，当黄尿酸在血中过多时，在四十八小时就会使胰脏受损，不能分泌胰岛素而发生糖尿病，同时血糖增高，不断由尿中排出。只要B6供应足够，黄尿酸就减少，镁可减少身体对B6的需要量，同时减少黄尿酸的产生。凡患糖尿病的人，血中的含镁量特别低，因此，糖尿病是维生素B6、镁这两种物质缺乏而引起的。

除上述几种常见病外，缺镁还会引起蛋白质合成系统的停滞，荷尔蒙分泌的减退，消化器官的机能异常，脑神经系统的障碍等等，这些病症有许多是直接或间接和镁参与的代谢系统变异有关。

体内镁的来源及镁缺乏的原因镁在人体中正常含量为25克，属常量元素。人对镁的每日需要量大约300～700毫克，其中约40%来自食物，食物中以绿色蔬菜含镁量最高，镁离子在肠壁吸收良好。约60%由含有镁离子的饮用水提供。

人体缺镁与下列情况有关

1.蔬菜短缺、蔬菜摄入量不足、蔬菜加工程序复杂致使含镁量大减。

2.经常食用磷过剩食品，如：肉、鱼、蛋、虾等，动物蛋白食物中的磷化合物能使肠道中的镁吸收困难，而这些磷过剩的食物却是我们推崇的高蛋白营养物。

3.靠雪水生活的地区，经常饮用"纯水"的人们。"纯水"包括蒸馏水、太空水、纯净水，这些水固然纯净，但它在除去有害物质的同时，也除去了包括镁在内的有益营养物质。

4.饮酒、咖啡和茶水中的咖啡因也会使食物中的镁在肠道吸收困难，造成镁排泄增加。

5.食用食盐过量会使细胞内的镁减少。

6.身心负荷"超载"引起应激反应，可使尿镁排泄增加

消除了影响人体缺镁的因素，人们只要做到多吃绿色蔬菜（最好能生吃蔬菜或空腹喝新鲜菜汁），常喝硬水，如自来水、矿泉水等，多食一些富镁食品，这些食品有：各种麦制面粉、胡萝卜、莴苣、豆类、果仁等，人体就可获得镁的正

124

青少年应该知道的化学知识

常需要量。

总之，镁是人体所必需的一种重要元素，它与生命的维持、身体的健康有着极其密切的关系。随着科学研究的不断发展，镁对人体健康的贡献将会得到进一步的认识。

第十八节　你家厨房的有毒食品

据国外媒体日前报道，春节期间，我们又一次放开肚量胡吃海塞，又一次将健康饮食的警告放在一边，什么新奇吃什么，甚至连有毒的东西都尝试一下。

什么是有毒的食品？其实我们几乎每天都会吃一些携带致命毒素的动植物，食物中毒的事也时有发生。为了保证这种事永远不要发生在我们身上，有必要了解一下我们厨房中最常见的有毒食品：

1.蘑菇

我们都听说过毒菌，也知道毒菌有毒。毒菌就是"毒蘑菇"。虽然有毒蘑菇比较容易辨认，但也不完全是这样，所有来源未知的蘑菇我们都应该慎吃。你可以仔细检查一番以确定蘑菇是否有毒：无毒的蘑菇菌帽应该是扁平没有突起，还应该有粉色或者黑色的菌褶（毒蘑菇经常是白色菌褶），而且菌褶应该长在菌帽上，而不是茎上。你要记住，虽然通常这些鉴别知识适用于很多种蘑菇，但也不是真理。当然了，如果你没有十足的把握，还是先不吃为好。

2.河豚

河豚毒性很大，1克河豚毒素能使500人丧命。在日本，河豚厨师必须训练有素，要经过一番考试后才能获得从业证书。培训要经过两到三年。为了通过考试，厨师们必须先经过笔试，然后展示他的削切水平。最后一项考试包括厨师吃他切下的河豚。只有30%的人能通过考试，这并不是说其他人因为吃下他们削切的河豚被毒死了，而是他们没有通过前两项考试。河豚只有肉是可吃的，因为河豚肉中的毒性较小，河豚毒可能会让嘴上有刺麻感。鉴于河豚的毒性，河豚是日

本天皇唯一不能吃的合法食品。

3.接骨木

接骨木树很漂亮，相当大。树上开满散发幽香的小花。这些花可用来制作接骨木花酒和苏打。人们有时会把这种花弄扁，油炸了吃。但是，这其实是有风险的。接骨木树的根部和一些其他部分的毒性很大，可导致严重的胃病。所以，下次你摘接骨木花吃的时候要确保吃的只是花。

4.蓖麻油

蓖麻油是我们小时候"头疼"的众多食品之一，蓖麻油常被添加到糖果、巧克力和其他食品中。很多人现在仍吃蓖麻油。还好，我们购买的蓖麻油是经过加工的安全食品，蓖麻籽是致命的，一颗蓖麻籽就能毒死一匹马，它的毒性来自蓖麻毒素，这是一种非常有毒的物质，以至于采集蓖麻籽的工人们必须遵守严格的规范以避免意外死亡。尽管如此，很多采集蓖麻籽的工人仍会不慎中毒。

5.杏仁

杏仁是最有用和最神奇的种子之一。独一无二的味道和良好的烹调适用性让杏仁成为数世纪以来厨房中馅饼的最流行成分。最具风味的杏仁是苦杏仁。杏仁有着最浓郁的香味，深受很多世纪的欢迎。但是，有一个问题是，杏仁含氰化物。苦杏仁在吃之前必须经过加工去毒。尽管如此，有些国家仍非法出售苦杏仁。新西兰就在其中。另外，你也可以使用杏核中的杏仁，它们的口味和毒性差不多。加热可去除杏仁毒性，事实上，你可能不知道，现在美国出售生杏仁是非法的，所以，现在你买到的杏仁都是经过加热去除毒性和细菌的。

6.樱桃

樱桃是很常见的水果，可用于烹调、酿酒或者生吃。它们与李子、杏和桃子来自同一家族。所有这些水果的叶子和种子中都含有极高的有毒化合物。杏仁也是这一家族的成员，但是，它是唯一的尤其以收获种子为主的果实。樱桃的种子被压碎，咀嚼，或者只是轻微的破损，它们都会生成氢氰酸。以后吃樱桃一定记得不要吮吸或者嚼樱桃种子。

7. 苹果

与樱桃和杏仁一样，苹果种子也含氰化物，但是，量要比前两种少得多。苹果种子一不小心就会被人吃到，但是只有吃下很多你才会感到不舒服。一个苹果的种子不会毒死人，但是，只要吃得多，完全有可能中毒死亡。我建议尽量不要举行什么吃苹果比赛。顺便说一下，如果你想吃苹果，不料发现里面有一个虫子，希望不是半个虫子，你可以把苹果放进一个盐水碗里，虫子就会死掉。

8. 大黄

大黄是一种不起眼的植物，它能被制成几种口味最佳的布丁，极容易在室内栽培。大黄还是一种神奇的植物——除了它叶子上的不明毒性之外，它们还有一种腐蚀酸。把大黄叶子和水以及苏打混合一起，它的腐蚀性甚至变得更强。大黄的茎可以食用，味道很棒，大黄的根可用于制作泻药和解毒药。

9. 番茄

关于番茄究竟是水果还是蔬菜的争论还曾经闹上过法庭，1893年美国最高法院裁定，番茄是蔬菜。在世界的其他地方，番茄被认为是水果，或者更准确地说是浆果。闹上法庭是因为蔬菜征税水果不征税。可能更有趣的是，从技术上讲，番茄是植物子房。番茄植物的叶子和茎含一种叫"糖苷生物碱"的化合物，这种化合物能引起极度神经紧张和胃不适。番茄叶子和茎可用来烹调以增加风味，但是在食用之前必须把它们拿掉。用这种方式烹调不会引起中毒，而且口味绝对一流。最后，为了增进番茄的口味，可以在上面撒少许糖。

10. 土豆

自从16世纪被引入欧洲后，土豆就出现在我们的历史书中。不幸的是，它们的出现似乎总是和作物欠收以及饥荒年有关，但是，土豆永远是大多数西方家庭每日菜谱中的主要蔬菜。和番茄一样，土豆的茎和叶子含有毒化合物，土豆本身在变绿的时候也有毒，之所以变绿是因为糖苷生物碱的浓度高。土豆中毒很少，但也时有发生。因土豆中毒死亡通常是身体虚弱和思维混乱，昏迷后死亡。近50年，美国因土豆致死的情况经常是因为吃了绿色土豆和喝了土豆叶茶。

第十九节　膨化食品与健康

近些年来，包括油炸薯条、虾条、鸡圈、鸡条、鸡片等在内的各种各样的膨化食品，以色彩鲜艳、包装醒目、口味好、广告宣传攻势强烈等特点吸引着中国的老老小小，尤其是儿童、青少年对它们更是情有独钟。据调查，我国90%的城市儿童存在过量食用膨化食品的问题。

膨化食品通常是用面粉、玉米，土豆等食物为原料经油炸、加热等工艺处理，使其膨胀而做成的。它的主要营养成分是碳水化合物、高脂肪、高热量、高盐、高糖、多味精。而面粉、玉米、土豆中的其他营养成分，如维生素、矿物质、纤维素等大都在加工过程中被破坏了，含量较低。据测查，膨化食品中的脂肪含量约占40.6%，热量高达33.4%。长期大量地食用膨化食品必定会影响人体的健康的。

对于儿童来说，过多食用膨化食品会明显影响进食。由于膨化食物脂肪含量高，大量食入后会造成儿童饱腹，影响正常饮食，使其身体所需的要的各种营养素不能得到保障和供给，出现营养不良现象。

同时，过多地摄入脂肪，还会造成体内大量的脂肪堆积，出现肥胖和高血压，给健康带来危害。在最近进行的有关城市儿童吃膨化食品的调查中也发现，肥胖儿童膨化食品的摄入量和喜好程度都明显地高于正常儿童。

另外，高盐、高味精也对人体健康构成威胁。过多的盐是导致高血压和心血管疾病的罪魁祸首。

一些家庭还常常将膨化食品作为"电视食品"，在看电视时一家人围坐在一起享用。这种吃法一方面容易造成摄入过量，人们在不知不觉中进食了大量的膨化食品，使体内热量过多，转化为脂肪，引发肥胖；另一方面是晚上进食大量的高脂肪、高碳水化合物的食物，脂肪长时间停留在胃中，会影响人的消化道功能，影响夜间睡眠。

所以，为了自己的健康，还是少吃膨化食行为妙。不要大量进食膨化食品。不要在饭前、睡前进食膨化食品。

第二十节　葡萄酒与我们的健康

葡萄酒之所以广受欢迎，是因为大多数人都知道，适度的饮用葡萄酒有利于身体健康。这一点。对酒持有极端反对态度的人，也会同意它是一种健康饮料。只要适量饮用，它能给予人额外的养分和产生精力的物质。

在整个有文字记载的历史中，葡萄酒的医疗特性都被赋予了一种神奇的光环，但现在已不能将葡萄酒视为万能药。然而，现代的研究已证实葡萄酒中的某些成为对于预防某些疾病是有其正面特性，因而也支持了以往通俗医学的一些理论。经由葡萄汁而来的葡萄酒是一项非常复杂的饮料，含有几乎想象不出之多的化学物质：到目前为止，已有感知酒的味道和香味方面扮演重要角色的葡萄酒不仅是水和酒精的溶液而已，它包含很多其它物质，真中一些为挥发性的（气味），其他则构成葡萄酒的干性抽出物，因土壤、葡萄品种、日照、年份等的不同而它们存在的比例也不同，就因为这种不同的比例，形成了每一种葡萄酒的独特性。本质上葡萄酒含有：80%生物学上而言的纯水，是由葡萄树直接从土镶吸取；9.5%到15%乙醇，即主要的酒精，经由糖分发酵后所得，它路甜，并带给酒芳醇的味道；一些酸，可能源自葡萄，或来自于酒精发酵。这些主要的酸，在酒的酸性风味和均衡味道上扮演主要角色；每升0.2克到5克的剩余糖分，依酒是干性的、半甜、甜或很甜而定；芳香物质，它们是挥发性的，种类很多，但个别浓度不一样；影响葡萄酒营着价值的养分，包括氨基酸、蛋白质和维他命。葡萄酒能防止动脉硬化，能降低胆固醇的增加率。常饮葡萄酒有助于人的长寿，同时也可保护人体免受酒精的侵害。只要你适量饮用，一杯葡萄酒带给你的享受与健康是并存的。

PPA是苯丙醇胺的英文缩写，是一种人工合成的拟交感神经兴奋性胺类的物质，一些治疗感冒药品中含有这种成分。

PPA为白色或几乎白色结晶性粉末，微具芳香味道，易溶于水，性质稳定。其口服后迅速完全吸收，主要由尿液排泄。PPA为拟交感神经药，作用与麻黄素相似，具有扩张支气管和收缩鼻黏膜血管作用，所以可以减轻鼻腔黏膜充血、肿胀，使鼻塞减轻。因此常与其它药物组成复方制剂，用以解除感冒症状。

根据现有统计资料及有关资料显示,服用含PPA的药品制剂后易出现不良反应,如过敏、心律失常、高血压、急性肾衰、失眠等症状,这表明这类药品制剂存在不安全问题。目前,所有含PPA的药品制剂已经由国家药品监督管理局下发紧急通知暂停使用。

据介绍,病患者在购买药品时首先要注意药品外包装上的化学名是否复方盐酸苯丙醇胺、复方氨酚美沙芬片、复方美沙芬胶囊、复方右美沙芬胶囊、复方盐酸苯丙醇胺糖浆、复方苯丙醇胺片、复方苯丙醇胺胶囊、盐酸苯丙醇胺片、复方氯化铵糖浆等。另外应注意药品说明书中的药品成份说明中是否有PPA、苯丙醇胺或者是盐酸苯丙醇胺等字样,如果有就是含有PPA的药品制剂。

第二十一节　弱碱性食物有益于长寿

青少年应该知道的化学知识

高加索地区的许多闻名于世的长寿村中,不少人能活到130岁至140岁,那里也没有什么特别好的食物或补药供人享用,惟一不同的就是他们的饮水呈微碱性,pH值为7.2～7.4,与人的血液pH值几乎相同。正是这微碱性的水,使这些长寿者的血管保持着柔软和不硬化,使他们的血压偏低,脉搏正常,科学家由此认

定：弱碱性食物有益于长寿。

经测定，弱碱性的食物有：豆腐、豌豆、大豆、绿豆、油菜、芹菜、番薯、莲藕、洋葱、茄子、南瓜、黄瓜、蘑菇、萝卜、牛奶等。而呈碱性的食物有：菠菜、白菜、卷心菜、生菜、胡萝卜、竹笋、马铃薯、海带、柑橘类、西瓜、葡萄、香蕉、草莓、板栗、柿子、咖啡、葡萄酒等。

还有一些食物因吃起来酸，人们就错误地把它们当成了酸性食物，如山楂、西红柿、醋等，其实这些东西正是典型的碱性食物。

至于酸性食物或偏弱酸性食物，除了各类畜禽肉外，常见的酸性食物还有蛋黄、鱼籽、牡蛎、白米、面条、面包、馒鱼、章鱼等等。

第二十二节　生啤比熟啤更有营养更新鲜

啤酒既能止渴，又有解热防暑的功效，历来是夏季饮品中的宠儿。特别是现在啤酒的种类繁多、口味各异，满足了不同消费者的不同口感。近年来出品的生啤酒以其清凉恬淡的风格赢得了消费者，他们感到，生啤酒比熟啤酒更纯正、更新鲜、更有营养。

生、熟啤酒在工艺上主要是除菌方式不同。国标定义的生啤酒是指不经巴氏灭菌或瞬时高温灭菌，而采用物理方法除菌，达到一定生物稳定性的啤酒。熟啤酒采用加热方式实现灭菌以延长保质期，但失去了啤酒的新鲜口味；而生啤酒则是通过微孔膜过滤除菌达到保质要求，口味和营养物质没有变化。

从营养成分上来说，生啤酒会比熟啤酒更有营养，而且生啤酒的外观、气味和口感都要好于熟啤酒。生啤酒色泽更浅，澄清透明度更好，外观更亮，更美；保留了酶的活性，有利于大分子物质分解；含有更丰富的氨基酸和可溶蛋白，营养更好。此外，啤酒中还含有多种抗氧化物质，有些啤酒由于酿造需要，还会添加少量维生素C。基于这些丰富的营养成分，饮用啤酒的好处也显而易见。

生啤酒又有纯生啤酒和普通生啤酒之分。纯生啤酒保质期可达180天；普通生啤酒虽然也未经高温杀菌，但它采用的是硅藻土过滤，只能滤掉酵母菌，杂菌不能被滤掉，因此其保质期一般在3～5天。大家常喝的扎啤就是一种普通的生啤酒，新鲜时口感清爽；一旦出现刷锅水味、酸味等，则表明已变质，不能饮用了。

第二十三节　什么是钡餐

"钡餐"就是硫酸钡，硫酸钡中的钡是重金属元素，X射线对它的穿透能力较差。利用这一性质，医疗上用高密度的医用硫酸钡（俗称"钡餐"）作为消化系统的X射线造影剂进行内腔比衬检查。检查前，由病人吞服调好的硫酸钡，作X射线检查时，可以明显地显示出硫酸钡在消化系统中的分布情况，据此，医生就可作相应的病理判断。

第二十四节　食品的色、香、味

食品的颜色，多属人工着色，制作时加了食用色素。也有的食物的颜色是由于本身含有某种天然色素。如青菜的茎叶和未成熟的水果所呈现的绿色是叶绿素，西红柿的红色是蕃茄色素，虾蟹的外壳含有蝲蛄红素，遇热后能呈现红色。

食品的香气来源于醇类、醛类、酮类、酯类等挥发性物质。鱼、肉、蛋里都含有丰富的蛋白质，蛋白质本身并无鲜味，但是煮熟后，水解成了多种氨基酸，氨基酸具有鲜美的味道。在氨基酸中，要算谷氨酸的味道最鲜美了。"味精"就是谷氨酸的钠盐。蔗糖用水冲稀到200倍，就感觉不到甜味了，而味精用水稀释到3000倍，还能尝到鲜味！近来又研制出一种由谷氨酸钠与肌苷酸钠混合制成的强力味精，其鲜味是味精的40倍。虾、蟹、螺、蛤的体内含有很多琥珀酸，故有被人们所喜爱的独特鲜味。桂皮的香气是由于含有桂皮醛，曲酒的香气则来自发酵过程中产生的杂醇和酯类。香蕉的香气是挥发出来的乙酸异戊酯，柑桔的香气来自所含的橙花醇。至于糕点、糖果的香味，则是由于加了人造果味香精。

我国，人们习惯于把味道分成酸、甜、苦、辣、咸"五味"。

酸味是各种有机酸电离出来的氢离子所致，酸味的强弱决定于氢离子浓度的大小。食醋中大约含有3%～5%左右的醋酸，酸菜中含有乳酸，水果、饮料或糖果中的酸味，来源于组成它的柠檬酸、酒石酸，苹果酸以及维生素C等成份。

甜味是蔗糖、果糖、葡萄糖、麦芽糖、乳糖等糖类物质引起的。制作糕点、饼干、冰棍、冰淇淋时，还常常加入适量糖精，以增加甜度。糖精的化学名称叫邻磺酰苯甲酰亚胺，它的甜度是白糖的500倍左右，不过它没有营养价值，只能刺激人的食欲。

含有生物碱的物质多数具有苦味，像黄连、可可等。茶叶中含有5%咖啡碱，茶水越浓，其味越苦。

辣椒含有辣椒素，大葱、大蒜中含有蒜素，生姜中含姜油酮，芥末和萝卜的辣味来自芥子油，胡椒含有胡椒碱。

谁都知道，食盐是咸的，当化合物里同时含有一价阳离子和一价酸的阴离子时都有咸味。例如钾、钠的氯化物、溴化物、碘化物等。对于不能食用盐的肾脏病患者，可食用也能产生咸味的苹果酸钠盐来代替。

除了这"五味"以外，味道中还一种，就是涩味，某些水果如柿子、李子中因含有鞣酸而具有涩味。

总之，味道是食物里含有物质对味觉神经的化学——物理刺激作用，而引起的不同感。

第二十五节　食品防腐剂

食品防腐剂是防止因微生物的作用引起食品腐败变质，延长食品保存期的一种食品添加剂，它还有防止食物中毒的作用。因此，加工的食品绝大多数有防

腐剂。防腐剂分为无机防腐剂和有机防腐剂两大类。其中，无机防腐剂有亚硫酸盐、焦亚硫酸盐及二氧化硫等。但由于使用二氧化硫、亚硫酸盐后残存的SO_2能引起严重的过敏反应（主要是呼吸道过敏），故FAO于1986年禁止在新鲜果蔬中使用无机防腐剂。下面主要介绍有机防腐剂及其使用。

1.苯甲酸及其盐类

苯甲酸又称安息香酸，因其在水中的溶解度低，而不直使用，故实际生产中大多数使用苯甲酸钠、钾两种盐。

根据FAO/WHO（1994）规定，人造奶油、果酱、果冻、酸黄瓜、菠萝汁使用本甲酸钠的限量为1.0g/kg（指单用量或与苯甲酸、山梨酸及其盐类以及亚硫酸盐类合用累计量，但亚硫酸盐类含量不超过500mg/kg）。

苯甲酸进入机体后，大部分在9~15小时内，可与甘氨酸作用生成马尿酸，从尿中排出，剩余部分与葡萄糖化合而解毒。因上述解毒作用是在肝脏内进行的，故含苯甲酸的食品对肝功能衰弱的人群不宜使用。但只要本甲酸在食品中限量符合GB2760—86及FAO/FWO（1984）标准对正常人身体无毒害，则可放心使用。但要注意，尽量食用含防腐剂不同的食品，以防止同种防腐剂的叠加中毒现象发生。

2.山梨酸及其盐类

山梨酸（学名为2，4-已二烯酸），它一般用于鱼类食品和糕、酒食品，其盐类常用山梨酸钾，它水溶性好、性能稳定，其抑菌作用和使用范围与山梨酸相同。

①山梨酸：根据GB2760-86规定，酱油、醋、果酱类、人造奶油、琼脂软糖限量lg/kg；果汁、果子露、葡萄酒限量0.6g/kg；低盐酱菜、面着类、蜜饯类、山植糕、果味露、罐头限量0.5g/kg；汽水、汽酒限量0.2g/kg；浓缩果汁限量2g/kg。山梨酸与山梨酸钾同时使用时，以山梨酸计不得超过最大使用量。根据FAO/WHO（1994）规定：杏干、餐用油橄榄、橘皮果冻限量0.5g/kg；一般干酪、人造奶油、果酱、菠萝汁、果冻限量1g/kg（指单用或与苯甲酸及其盐类，以及亚硫酸盐类合用累计量，但亚硫酸类不得超过0.5g/kg）。

②山梨酸钾：根据GB2760-86规定，山梨酸钾在食品中的使用限量基本同

山梨酸的使用限量。GB2760-90规定，乳酸菌饮料使用山梨酸限量为1.0g/kg，按GB2760-93规定，肉、鱼、蛋、禽类食品中山梨酸使用限量为0.075g/kg。山梨酸、山梨酸钾都能参加人体正常的新陈代谢，易被分解为CO_2和H_2O而排出体外，故凡符合上述标准者，对人体无害。

3.对羟基苯甲田酯类

主要使用对羟基苯甲酸酯类中的甲、乙、丙、异丙、丁、异丁、庚酯。其酯随着酯基中碳原子个数的增多，其抗菌作用增强，但同时其水溶性降低，而毒性则相反。因此，经常将丁酯与甲酯混用、乙酯和丙酯混用，可以提高溶解度，并有增效作用。

由于对羟基苯甲酸酯类的酸性和腐蚀性较强，因此，胃酸过多的病人和儿童，不宜食用含此类防腐剂的食品。只要符合规定的限量，正常人均可食用。但也要注意，应尽量食用防腐剂不同的食品，以防止同种防腐剂的叠加中毒现象。

以上三类防腐剂对人体的毒性大小为：苯甲酸类＞对羟基苯甲酸酯类＞山梨酸类

山梨酸及其钾盐虽然成本较高，但它是迄今为止常用防腐剂中毒性最低的。从国内外发展动态分析，山梨酸有逐步取代苯甲酸的趋势，但山梨酸实有在空气中稳定性较差和易被氧化着色的缺点。1998年我国研制出一种高效无毒的防腐剂，它的成份是单辛酸甘油酯，其在防止食品腐败、变质的同时，也有助于保持食品营养成份和风味，并且感官性状稳定。

第二十六节 食用色素对人体的害

色素有些可能具有毒性，但由于合成色素成本低廉、色泽鲜艳、着色力强、色调多样，仍被广泛应用。

食用合成色素又称为食用焦油色素，因为食用合成色素是以煤焦油为原料制成的。由于这类色素对人有害，故应严格管理，谨慎使用。

据研究，食用合成色素对人体的毒性作用可能有三方面，即一般毒性、致泻

性与致癌性，特别是致癌性更为人们所关注。此外，许多食用合成色素在生产过程中还可能混入砷和铅，色素中还可能混入一些有毒的中间产物。因此必须对食用合成色素进行严格的卫生管理，如：要严格规定食用合成色素的种类、纯度、规格、用量、及允许使用的食品等。

我国允许使用的食用合成色素有苋菜红、胭脂红、赤鲜红、新红、柠檬黄、靛蓝、日落黄及亮蓝，允许使用的食品种类有果味水、果味粉、果子露、汽水、配制酒、糖果、糕点上的彩装、罐头等。为了防止其危害，在使用上都作了严格的限制。

第二十七节　水和固体废物污染与人体健康

青少年应该知道的化学知识

河流、湖泊等水体被污染后，对人体健康会造成严重的危害，这主要表现在以下三个方面。第一，饮用污染的水和食用污水中的生物，能使人中毒，甚至死亡。例如，1956年，日本熊本县的水俣湾地区出现了一些病因不明的患者。患者有痉挛、麻痹、运动失调、语言和听力发生障碍等症状，最后因无法治疗而痛苦地死去，人们称这种怪病为水俣病。科学家们后来研究清楚了这种病是由当地含Hg的工业废水造成的。Hg转化成甲基汞后，富集在鱼、虾和贝类的体内，人们如果长期食用这些鱼、虾和贝类，甲基汞就会引起以脑细胞损伤为主的慢性甲基汞中毒。孕妇体内的甲基汞，甚至能使患儿发育不良、智能低下和四肢变形。第二，被人畜粪便和生活垃圾污染了的水体，能够引起病毒性肝炎、细菌性痢疾等传染病，以及血吸虫病等寄生虫疾病。第三，一些具有致癌作用的化学物质，如砷（As）、铬（Cr）、苯胺等污染水体后，可以在水体中的悬浮物、底泥和水生生物体内蓄积。长期饮用这样的污水，容易诱发癌症。

固体废弃物污染与人体健康　固体废弃物是指人类在生产和生活中丢弃的固体物质，如采矿业的废石，工业的废渣，废弃的塑料制品（如图），以及生活垃圾。应当认识到，固体废弃物只是在某一过程或某一方面没有使用价值，实际上往往可以作为另一生产过程的原料被利用，因此，固体废弃物又叫"放在错误地点的原料"。但是，这些"放在错误地点的原料"，往往含有多种对人体健康有害的物质，如果不及时加以利用，长期堆放，越积越多，就会污染生态环境，对人体健康造成危害。

第二十八节　酸奶的六个误区你犯了多少

酸奶，是人们经常饮用的健康奶制品，酸奶可补钙、调理肠胃等等，诸多好处被人津津乐道。但是您知道吗？如果走入了喝酸奶的误区，不但起不到保健作用，对身体健康也是不利的。

误区一：酸奶等于酸奶饮料

酸奶不等于酸奶饮料

如今，不仅酸奶的品种琳琅满目，酸奶饮料也层出不穷。酸奶是由优质的牛奶经过乳酸菌发酵制成的。而酸奶饮料，只是饮料的一种，不是牛奶或酸奶。二者的营养成分含量差别很大，酸奶饮料的营养只有酸奶的1/3左右。

误区二：喝酸奶越多越健康

喝酸奶应注意适可而止

喝酸奶应注意适可而止，否则容易导致胃酸过多，影响胃黏膜及消化酶的分泌，降低食欲，破坏人体内的电解质平衡。尤其是平时就胃酸过多，常常觉得脾胃虚寒、腹胀者，更不宜多饮。

对于健康人来说，每天喝一两杯，也就是说一天大约250～500克比较合适。

误区三：酸奶比牛奶更有营养

酸奶不比牛奶更有营养

事实上从营养价值来说，两者差异不是很大。不过，酸奶与牛奶相比，酸奶更易于消化和吸收，使得它的营养素利用率有所提高。此外，牛奶中所含的糖分大部分是乳糖，有部分成人的消化液中缺乏乳糖酶，影响了对乳糖的消化、吸收

和利用，造成这些人喝牛奶后胃部不适甚至腹泻，称为"乳糖不耐受症"，此时可以用酸奶来代替牛奶。

误区四：酸奶与其他食物巧搭配

酸奶搭配要注意

酸奶和很多食物搭配都很不错，特别是早餐配着面包、点心，有干有稀，口感好营养丰富。但千万不要和香肠、腊肉等高油脂的加工肉制品一起食用。因为加工肉制品内添加了硝，也就是亚硝酸，会和酸奶中的胺形成亚硝胺，是致癌物。酸奶还不宜和某些药物同服，如氯霉素、红霉素等抗生素、磺胺类药物等，它们可杀死或破坏酸奶中的乳酸菌。酸奶很适合与淀粉类的食物搭配食用，比如米饭、面条、包子、馒头、面包等。

误区五：酸奶可以充饥

空腹不易喝酸奶

空腹时胃内的酸度大，酸奶所特有的乳酸菌易被胃酸杀死，其保健作用会大大减弱，所以空腹时不宜喝酸奶。饭后1~2小时后喝酸奶最适宜。

误区六：喝酸奶老少皆宜

幼儿不宜喝酸奶

酸奶虽好，但并不是所有人都适合喝的。腹泻或其他肠道疾病患者在肠道损伤后喝酸奶时要谨慎；，1岁以下的幼儿不宜喝酸奶。

此外，糖尿病人、动脉粥样硬化病人、胆囊炎和胰腺炎病人最好别喝含糖的全脂酸奶，否则容易加重病情。

138

青少年应该知道的化学知识

第二十九节　脱发元素——铊

铊是一种很有意思的金属，它是白色的，可是却会发出蓝色的光！把它放在空气中，不长时间就会变得灰暗无色。它很喜欢跟各种酸液相处，十分容易与硝酸和硫酸反应。但当你把它放进碱液中，它却很冷淡，把它捞出来后，就会发现它"毫发未损"。

对于人们来说，铊是一种十分讨厌的元素，原来它最擅长的本领就是使人们脱发。当然，它也有很多好处，比如人们可以用它的化合物来制造各种农药，杀灭害虫，它在这方面也很有"一手"，原来用它制成的农药无臭无昧，很容易使各种害虫上当受骗。

一个人的头发有几十万根之多，如果谁有一头乌黑发亮的头发，不但能御寒防晒，而且看上去会更加潇洒，增加美感。但头发的寿命可不能跟人相比，只有三至五年。平时掉几根头发是十分正常的事，然而成片成片地脱发就不正常了，人们把这种症状叫作"秃头"，更有意思的叫法是"鬼剃头"。

有一年的夏天，在贵州某市附近的一个小村庄里，一位马上就要出嫁的姑娘正对着镜子梳妆时，突然发现自己的头发成片成片地脱落，甚至露出了青灰色的头皮，美丽的长发姑娘顿成了一个秃头的尼姑，这怎么能受得了，她不由得放声大哭起来。真是祸不单行，福不双至。这个村庄在此后的几个月内，竟然又有七八十人得了类似的怪病。迷信的人们就说，这是鬼给他们剃了头。

世上是没有鬼的，他们的头发又是为什么而脱落的呢？

科学家们仔细研究了村子周围的环境，终于发现了这个"鬼"发师。

原来村民们饮用的水源中含有大量的铊离子，它的浓度大大超过了正常的标准。材民们喝水时，铊离子就进入人体中，从而使很多人掉了头发。

铊离子又是怎样进入水源的呢？

原来在水的上游有一家化工厂，经常排放一些工业废水，这些废水中含有大量的铊离子，因而使得村民们的饮用水中含有许多铊离子。

在1861年，英国化学家克鲁克斯在分析一些工业残渣时，从分光镜上发现了两条从来也没见到过的绿线，他知道这残渣里一定有一种人们还没有发现的新元素，就把它起名叫铊，即"绿树枝"的意思。在1862年时他把自己提炼出的这种东西送到国际博览会上，还获得了一笔奖金。

不久之后，法国化学家拉密也发现了铊元素，并制出了纯净的铊。他在报刊上发表文章说，克鲁克斯发现的不是铊，而是一种铊的硫化物。

克鲁克斯反驳说，他早就制出了金属铊。二人开始是写文章争论，后来越吵越凶，以至于打起了官司。

后来，法兰西学院组织了一个委员会专门来调查这件事。最后这个委员会宣布，克鲁克斯是第一个用分光镜发现铊元素的人，但他没有制出单质铊，纯净的

铊是由拉密制出来的。这才平息了他们之间的争吵。

这个夜晚十分漆黑，伸手不见五指。敌人趁着黑夜想发动一次偷袭，占领我军阵地。他们鬼鬼祟祟地接近了我军的阵地，越来越近，这时，只听指挥员一声令下，万枪齐发，打得敌人鬼哭狼嚎，抱头鼠窜。

指挥员是怎么知道敌人的企图的呢？

原来在阵地上有一只"神眼"在观察敌情，就像猫头鹰白天睡觉，晚上抓田鼠吃一样，它也是白天休息，晚上工作，天越黑它"看"得越清楚。

这是怎么一回事呢？

这只"神眼"是由氧化铊制成的，氧化铊有一个特异功能，它对人眼看不见的红外线很敏感。所以人们用它制成了光电管，来侦察敌情。到晚上时，先放出大量的红外线，红外线遇到阻挡之后就被反射回来，光电管就会接收到这些红外线，同时显示出阻挡红外线的物体的形状。

敌人的行动就是被它发现的

第三十节　为什么大蒜有杀菌作用

健康专家把葱、姜、蒜称为天然"青霉素"，有很好的杀菌作用。

大蒜中含有丰富的蛋白质、脂肪、糖类及维生素A、B、C等，蒜苗里还含有钙、磷、铁等成分。大蒜具有极强的杀菌力，因为蒜头里含有大蒜油，大蒜油以硫化二丙烯为主要成分，还含有微量二硫化二丙烯、二硫化三丙烯。

大蒜素遇碱、受热都会分解，所以用大蒜消炎杀菌宜使用生大蒜，不能与碱性物质一起用。

吃过大蒜嘴里产生蒜臭，可将少许茶叶放在嘴里细嚼，或在口中含一块糖，蒜臭就可减少

第三十一节　为什么碘酒和红药水不能混用

碘酒与红药水都是外科常用的消毒剂。它们分别使用都具有消毒杀菌作用。但是在处理伤口时，却不能涂了其中一种，再涂另一种。这是因为红药水里的汞溴红与碘酒里的碘相遇时，会生成碘化汞（HgI_2）。碘化汞是一种剧毒物质，对皮肤粘膜及其他组织产生强烈的刺激作用，甚至引起皮肤损伤、粘膜溃疡。碘化汞如果进入人体，还会使牙床浮肿发炎。严重时还会引起疲乏、头痛、体温下降等症状。所以，千万不能同时使用碘酒和红药水。

为什么糖尿病患者宜多饮茶

茶：糖尿病人可以喝茶。

茶，它不仅给人体补充足够的水分，其中还含有多种营养成分，如茶碱、维生素、微量元素等等。而且茶有提神、健脑、利尿、降压、降脂等多种功效，但睡前最好不要喝浓茶。

糖尿病患者的病征是血糖高，口干口渴，乏力。实验表明，饮茶可以有效地降低血糖，且有止渴、增强体力的功效。糖尿病患者一般宜饮绿茶，饮茶量可稍增多一些，一日内可数次泡饮，使茶叶的有效成分在体内保持足够的浓度。饮茶的同时，可以吃些南瓜食品，这样有增效作用。一个月为一疗程，通常可以取得很好的疗效。

第三十二节　味精不是化学合成品
专家认为不应谈味精色变

近日，专家否认了"味精致癌"的说法。据悉，味精的主要成分为氨基酸钠。近年随着鸡精、鱼露、鲜极酱油的大量上市，味精似乎逐渐淡出人们的饮食

生活。但人们不一定知道：在鸡精、鱼露、鲜极酱油中其实也或多或少地含有
"谷氨酸钠"。味精在中国已有近百年的历史，它是世界上经过最彻底研究的食
品添加剂之一，但同时也是"绯闻"最多的一种调味料。

种种偏见缠身味精

比如温度超过100℃，味精便会生成致癌物质——焦谷氨酸钠；通过小白鼠
实验发现，食用大剂量味精（味精含量达20%的食品连续食用6个月）会使视网膜
变薄75%等。对味精的不利说法曾令以味精调鲜为主要特色的中国菜在国际上严
重受冷落。有西方国家政府甚至要求酒店必须在店堂入口醒目位置张贴由卫生部
门印发的"本店食品制作中使用了味精"的提示牌，或在菜单上贴上"味精可能
导致过敏"的声明，以警示顾客。

华南理工大学食品工程学院教授郑建仙谈到。谷氨酸广泛存在于各种天然
食物中，是天然食物蛋白的一种重要组成部分，如人们日常生活中广泛食用的葡
萄、番茄等天然水果及蔬菜中都含有氨基酸钠。全世界的消费者每天都从各种天
然食物中摄取一定数量的谷氨酸，其中欧美人从天然食物中摄取的谷氨酸数量远
多于中国人，因此中国人饮食中谷氨酸的摄入量应比西方人少得多。比如意大利
餐大量使用浓缩番茄酱调味，虽未再单放味精，但味精含量已远远高于中餐。现
在全世界都采用发酵法生产味精。发酵法生产味精的原料基本上都是淀粉、砂
糖、醋酸、糖蜜等天然物质，因此味精不是化学合成产品。

烹调得法不会生成焦谷氨酸

至于烹调时，在高温下是否可以使用味精，多年来一直有不同说法。郑教
授指出，100℃温度加热半小时，仅有0.3%的味精生成焦谷氨酸，加热1小时才有
0.6%的味精生成焦谷氨酸。其对人体产生的影响是微乎其微的。事实上鸡蛋和番
茄等食物都富含谷氨酸，如果焦谷氨酸对人体有害，那么所有的食物就不能煲，
不能煮，更不能煎和炒了。其实味精最好也应等菜煮好熄火后即时加入，因为这
样也能更好地保持味精的鲜味，在这种情况下焦谷氨酸就更不会产生了。

关于用味精含量达20%的食品连续喂养6个月的小白鼠视网膜会变薄75%的
说法，广东省食品工业发展总公司副总经理杨冠丰则指出以吃水果的分量来吃味
精，这可能吗？如果以这么大剂量的食盐来喂白鼠，白鼠也会变成"咸鼠"，这
样是否也应得出食盐有害的结论呢？任何食物超量吃都会引来不良反应，比如维

青少年应该知道的化学知识

生素。

据了解，在过去几十年的时间里，世界各权威研究机构与高等院校都对谷氨酸钠做了大量的科学研究工作，最终得出同样的结论：人体摄取食物中的味精，是安全的。味精属于人体所需要的重要营养物质，是存在于人类食物及人体本身的天然物质；人体摄入味精，可以完全消化、吸收，并进行正常的生理新陈代谢。我国卫生部也没有规定味精的最大使用量，企业可按生产需要适量使用。

发展势头
调味品也应升级换代

谷氨酸是一种普通的氨基酸，它对人体的蛋白再造、修复和增长极为重要。成年人体内每天能制造高达50毫克的谷氨酸。许多食物中都含有谷氨酸，一般而言，动物在食物中蛋白质含量高的，其谷氨酸含量也高；在植物蛋白中，谷氨酸的含量也不少。游离谷氨酸更是广泛存在于番茄、奶酪、豆类、蘑菇、虾等食物中，并随着食物的成熟而增多，令食物滋味更为鲜美。

所以，与会专家同时指出尽管味精不应存在安全之争，但其调味"鲜美"一般，"可口"则不足，口感粗糙、刺舌、不自然、不舒服、吃后容易口干。因此继鸡精之后的第三代调味品核苷酸鲜味调味品应运而生。核苷酸鲜味调味品可在保持食品原有风味的同时，去除食物的异味，增加食品的鲜味，整体协调主料、辅料、调料的美味等。据悉，太太乐、味王等调味品巨头企业已大肆抢饮此市场的"头啖汤"。广州日报副总编辑顾涧清会末总结时指出，民以食为天，食以味为天，而味则以鲜为天，尤其是粤菜之味。一个鲜字充分体现了广州的饮食文化。

他认为这是一次现代加工业与自然科学，学术界与企业界相结合的研讨会，这次研讨会的主旨是发扬和提升广州人的饮食文化精神。科技成果的转化要*企业，接下来企业界还要做的工作有很多。

第三十三节 胃功能的化学作用

胃有很强的消化功能，靠的是胃内的盐酸、胃蛋白酶和粘液。盐酸是一种腐蚀性很强的酸，食物进入胃里，盐酸就会把食物中的细菌杀死。胃里的盐酸浓度较高，足足可以把金属锌溶化掉。胃蛋白酶能分解食物中的蛋白质。粘液能把食物包裹起来，既起到润滑作用，又能保护胃粘膜，使它不受食物引起的机械损伤。胃里的盐酸、胃蛋白酶和粘液联合起来，几乎可以消化一切食物。

既然胃的消化能力这么强，为什么不能消化掉自己？这个问题在100多年前就提出了，一直没有得出完满的答案。有的科学家认为：胃所以不能消化自己，是因为胃粘膜或胃液内存一种特别物质，能抵抗盐酸和胃蛋白酶的作用。科学家研究认为：首先，胃壁在分泌盐酸以后，盐酸由于受到粘膜表面上皮细胞的阻挡，它不会倒流，也就不会腐蚀胃壁。万一上皮细胞遭到破坏，粘膜会分泌粘液，对盐酸有一定的缓冲作用，也能防止粘附在胃粘膜表面的盐酸进入内部。胃粘膜还有"丢卒保车"的本领，它让上皮细胞不停地进行代谢更新，阻止胃蛋白酶吸附在粘膜上，达到保护胃壁的目的。另外，粘液中的糖蛋白质，有的含糖量很多，分子量很大，它们能抑制胃蛋白酶的活性。

其次，人的胃粘膜细胞，每分钟大约要脱落50万个，三天之内可以全部更新，这样强的再生能力，使消化液对胃壁造成的暂时损伤得以弥补。

所以，在政党的条件下，胃不能自己消化自己。如果胃内产生的胃酸过多，或者空腹吃药，损伤胃壁，胃开始消化自己，就会出现胃溃疡等疾病。

第三十四节 吸烟对人体的化学危害

众所周知，吸烟有害健康。科学实验表明，香烟中含有2000多种成分，燃烧时发生复杂的化学变化，香烟燃烧所产生的烟雾中含有1200多种化合物，其中至少有300多种化合物在不同程度对人体产生危害，还有10多种致癌物质，其中最

青少年应该知道的化学知识

具有代表性的有害物质是尼古丁、焦油、一氧化碳、氰化物及放射性物质。

尼古丁又称烟碱，化学式为$C_{10}H_{14}N_2$，它是烟草中存在的一种植物碱，为淡黄色油状液体，具有辛辣刺激性气味，溶于水和有机溶剂，有挥发性。烟碱属于弱碱，可与酸反应生成盐，也可与植物碱试剂产生显色反应。它对人体的中枢神经有强烈的刺激和麻醉作用，少量使人兴奋，大量则会引起眩晕、呕吐甚至中毒死亡。据实验表明：一支香烟中通常含有尼古丁0.2mg～0.5mg，一支香烟所含的尼古丁足以杀死一只白鼠。成年人一次吸入40mg～60mg尼古丁就可能致命。一支烟可以缩短人的生命5分15秒，长年吸烟者的死亡率比不吸烟者的死亡率要高出3倍，吸烟的人要提前9年离开这个世界，所以，为了他人和家庭的幸福，请珍爱生命，拒绝抽烟。

焦油是烟草中的有机物在缺氧条件下不完全燃烧产生的复杂混合物，它是由多种烃类及烃的氧化物、硫化物和氮化物等成份组成，烟气焦油中99.4%的物质是有害的，0.2%是致癌物质的引发剂。目前，认为烟气中的焦油是极其有害的物质。这就是为什么香烟盒表面都明确标出焦油含量（高、中、低）的缘故。焦油中多环芳烃的含量最多，且都具有强烈的致癌作用。

一氧化碳是无色无味不溶于水的有毒气体，它是大气主要污染物之一，主要来自机动车的尾气、化石燃料的炼制及其燃烧所产生的有害气体。香烟烟雾中也存在有大量的一氧化碳，一氧化碳与血红蛋白的结合能力比氧气大300倍左右，大量吸入人体内便与血红蛋白结合，严重的削弱了血红蛋白与氧气的结合能力，使人感到剧烈的憋闷、气喘、咳嗽呕吐，并产生大量的痰液。因此，吸烟使血液凝固加快容易引起心肌梗死、中风、高血压、冠心病、肺气肿、肺癌等。

氰化物是一种无色气体，它是香烟烟气中最具有纤毛毒性的物质，它主要是烟草中的含氮化合物的燃烧。烟雾中含有辐射离子，它能杀死人体细胞，据专家估计，每日吸30支香烟，相当于每年300次X的射线量。

吸烟有害健康，更为重要的是，吸烟者还严重妨碍他人健康，研究结果表明：吸烟者吸烟时对别人的危害比对他自己的危害更大，妻子不吸烟但丈夫吸烟的妇女，其肺癌死亡率是其丈夫的2.4倍。这种危害对儿童最为严重，吸烟者的子女患肺炎、支气管炎、呼吸道感染及其它疾病的危险性要比正常儿童大得多。

由于吸烟与致病之间有个漫长的过程，其发病甚至于十几年后才可能发生，

致使一些人误认为吸烟对身体的影响不大，更有甚者说"饭后一支烟，赛过活神仙"等种种无稽之谈。事实上，吸烟有害健康是毋庸置疑的，越来越多的人认识到吸烟对身体的危害。据世界卫生组织调查结果来看，烟草是目前对人类健康的最大威胁。因此，世界各国政府和人民已开始行动起来，开展了大规模的禁烟运动，欧洲的一些国家基本消除吸烟现象。我国现已采取了一些措施，如在公共场合张贴禁止吸烟的警示牌，每年"世界无烟日"大力宣传吸烟的危害性及相应的法律、法规，限制卷烟的产量，公共场所和工作地点禁止吸烟等。但从目前的情况来看不太理想，且烟民的数量呈每年上升的趋势，年龄结构更趋年轻化，这应当引起社会各界广泛关注。因此，应进一步加大戒烟的力度，把青少年作为控烟的重点，这无疑是从根本上解决吸烟问题的有效办法。

青少年应该知道的化学知识

第四章 化学与生产

第一节 不可忽视气压对健康的影响

随着气象和保健科学的日益普及，人们对温度、湿度、风、日照等气象要素与健康的关系都比较关注和熟悉。但对气压，人们一般比较忽略，天气预报中也没有气压要素。事实上，当气压过低、过高或短时间内气压变化过大时，对人体健康的不利影响还是比较明显的。

低气压对人体生理的影响主要是影响人体内氧气的供应。人每天需要大约750毫克的氧气，其中20%%为大脑耗用，因脑需氧量最多。当自然界气压下降时，大气中氧分压、肺泡的氧分压和动脉血氧饱和度都随之下降，导致人体发生一系列生理反应。以从低地登到高山为例，因为气压下降，机体为补偿缺氧就加快呼吸及血循环，出现呼吸急促，心率加快的现象。由于人体特别是脑缺氧，还会出现头晕、头痛、恶心、呕吐和无力等症状，神经系统也会发生障碍，甚至会

发生肺水肿和昏迷，这就是通常说的"高山反应"。

在高气压的环境中，肌体各组织逐渐被氮饱和（一般在高压下工作5～6小时后，人体就被氮饱和），当人体重新回到标准大气压时，体内过剩的氮便随呼气排出，但这个过程比较缓慢，如果从高压环境突然回到标准气压环境，则脂肪中蓄积的氮就可能有一部分停留在肌体内，并膨胀形成小的气泡，阻滞血液和组织，易形成气栓而引发病症，严重者会危及人的生命。

气压变化对人体健康的影响，更多表现在高压或低压所代表的环流天气形势的生成、消失或移动方面。在低压环流形势下，大多为阴雨天气，风的变化比较明显；而在高压环流形势下，多为晴天，天气比较稳定。日本的医疗气象专家经过数年的研究发现，大多数肺结核患者咳血、血痰加重的程度与低压环流天气有密切的关系。患者病情恶化时，有90%是在低压环流形势下发生的，有半数以上是在低压过境时发生的。而在高压环流形势下，支气管炎、小儿气喘病较容易发作。当高压环流移向日本时，日本的喘病患者开始增加；当高压通过时，发病人数便达到高峰值；待高压移出后，日本国内的喘病患者便显著减少。之所以会出现这样的情况，是因为在高压控制下，空气干燥，天晴风小，夜间的辐射冷却容易形成贴地逆温层，尘埃、真菌类、花粉、孢子等过敏源，容易在近地层停滞，从而诱发喘病的发作。

同时，气压的变化还会影响人的心理变化，使人产生压抑、郁闷的情绪。例如，低气压下的雨雪天气，尤其是夏季雷雨前的高温高湿天气（此时气压较低），心肺功能不好的人会异常难受，正常人也有一种抑郁不适之感。而这种憋气和压抑，又会使人的植物神经趋向紧张，释放肾上腺素，引起血压上升、心跳加快、呼吸急促等；同时，皮质醇被分解出来，引起胃酸分泌增多、血管易发生梗塞、血糖值也可能急升。有学者对每月气压最低时段与死亡高峰进行了对比研究，结果发现89%的死亡高峰都出现在最低气压的时段内、

青少年应该知道的化学知识

第二节　处理废水新方法

我们使用的管道煤气很大一部分是由重油裂解制造的，我们叫它油制气。但是油制气厂产生的废水中含有上百种有毒并且难于降解的有机物，如果不经过特殊处理排出对人们的生活环境和水源质量造成极大危害。

这些有机物存在于油制气厂排出的废水中，是碳和氮的化合物，由许多六楞形的环状结构单独或者交*排列，有的结构更复杂，常规的消灭有机物的细菌往往打不开环这种环状结构，也就不能彻底降解废水中的有机物。

广东省微生物研究的研究人员观察微生物的生长过程，发现适者生存的自然规律仍然适用人工环境下的细菌生长，于是他们培养适应菌群，采用生物强化技术，选育和驯化了能有效降解有机物的降解菌。

专家：在普通的废水处理系统里面加上我们自己选育的高效降解菌组成生物膜系统、活性污泥系统，使多环芳烃类化合物彻底得到解决。

科研人员发现降解菌也是挑食的，它们不愿意选择结构复杂的有机物作食物，于是先给它们压力，给它们油质气废水环境让它们挨饿，经过筛选生存下来的降解菌不得不去适应新食物，它们得到迅速繁殖。人工环境与大量的废水环境是有区别的，科研人员把降解菌群从无机盐培养基培养后再扩大到废水培养，使微生物在大规模投加前已经适应废水处理系统的环境。

离开了实验室的温床，降解菌们被安排到了多孔硅酸盐填料和活性污泥里，水自上而下流经填料池，这个滤池是缺氧环境，一些缺氧微生物们在硅酸盐填料的小孔里找到了位置，它们把一部分有机物降解为二氧化碳、氮气和水，微生物们快速繁殖，它们附着就形成了生物膜系统；这个滤池是活性污泥，在这里是好氧环境，另外一部分有毒有机物被降解，经过一道道关口，有机物们被降解菌们层层筛选过滤，这个容器的底部的黑色沉淀就是降解菌生长的活性污泥。水被澄清过滤池过滤，它们达到了国家排放标准。

这项成果，不仅可在油制气行业推广，而且为制药、化工、印染等行业的废水处理提供了一条经济有效的途径。

第三节　化学电池的种类

下面介绍化学电池的种类：

1.干电池

普通锌锰干电池的简称，在一般手电筒中使用锌锰干电池，是用锌皮制成的锌筒作负极兼做容器，中央插一根碳棒作正极，碳棒顶端加一铜帽。在石墨碳棒周围填满二氧化锰和炭黑的混合物，并用离子可以通过的长纤维纸包裹作隔膜，隔膜外是用氯化锌、氯化铵和淀粉等调成糊状作电解质溶液；电池顶端用蜡和火漆封口。在石墨周围填充$ZnCl_2$、NH_4Cl和淀粉糊作电解质，还填有MnO_2作去极化剂（吸收正极放出的H_2，防止产生极化现象，即作去极剂），淀粉糊的作用是提高阴、阳离子在两个电极的迁移速率。正极生成的氨被电解质溶液吸收，生成的氢气被二氧化锰氧化成水。

干电池的电压1.5V ~ 1.6V。在使用中锌皮腐蚀，电压逐渐下降，不能重新充电复原，因而不宜长时间连续使用。这种电池的电量小，在放电过程中容易发生气涨或漏液。而今体积小，性能好的碱性锌—锰干电池是电解液由原来的中性变为离子导电性能更好的碱性，负极也由锌片改为锌粉，反应面积成倍增加，使放电电流大加幅度提高。碱性干电池的容量和放电时间比普通干电池增加几倍。

2.铅蓄电池

铅蓄电池可放电亦可充电，具有双重功能。它是用硬橡胶或透明塑料制成长方形外壳，用含锑5% ~ 8%的铅锑合金铸成格板，在正极格板上附着一层PbO_2，负极格板上附着海绵状金属铅，两极均浸在一定浓度的硫酸溶液（密度为1.25 ~ 1.28g/cm3）中，且两极间用微孔橡胶或微孔塑料隔开。

铅蓄电池的电压正常情况下保持2.0V，当电压下降到1.85V时，即当放电进行到硫酸浓度降低，溶液密度达1.18g/cm3时即停止放电，而需要将蓄电池进行充电，当密度增加至1.28g/cm3时，应停止充电。这种电池性能良好，价格低廉，缺点是比较笨重。

目前汽车上使用的电池，有很多是铅蓄电池。由于它的电压稳定，使用方

青少年应该知道的化学知识

便、安全、可靠，又可以循环使用，因此广泛应用于国防、科研、交通、生产和生活中。

3.银锌蓄电池

银锌电池是一种高能电池，它质量轻、体积小，是人造卫星、宇宙火箭、空间电视转播站等的电源。目前，有一种类似干电池的充电电池，它实际是一种银锌蓄电池，电解液为KOH溶液。

常见的钮扣电池也是银锌电池，它用不锈钢制成一个由正极壳和负极盖组成的小圆盒，盒内靠正极盒一端充由Ag2O和少量石墨组成的正极活性材料，负极盖一端填充锌汞合金作负极活性材料，电解质溶液为KOH浓溶液，溶液两边用羧甲基纤维素作隔膜，将电极与电解质溶液隔开。

银锌电池跟铅蓄电池一样，在使用（放电）一段时间后就要充电。

粒钮扣电池的电压达1.59V，安装在电子表里可使用两年之久。

4.燃料电池

燃料电池是使燃料与氧化剂反应直接产生电流的一种原电池，所以燃料电池也是化学电源。它与其它电池不同，它不是把还原剂、氧化剂物质全部贮存在电池内，而是在工作时能源中燃料燃烧反应的化学能直接转化为电能的"能量转换器"。

燃料电池，不断地从外界输入，同时把电极反应产物不断排出电池。因此，燃料电池是名符其实地把的正极和负极都用多孔炭和多孔镍、铂、铁等制成。从负极连续通入氢气、煤气、发生炉煤气、水煤气、甲烷等气体；从正极连续通入氧气或空气。电解液可以用碱（如氢氧化钠或氢氧化钾等）把两个电极隔开。化学反应的最终产物和燃烧时的产物相同。燃料电池的特点是能量利用率高，设备轻便，减轻污染，能量转换率可达70%以上。当前广泛应用于空间技术的一种典型燃料电池就是氢氧燃料电池，它是一种高效低污染的新型电池，主要用于航天领域。它的电极材料一般为活化电极，碳电极上嵌有微细分散的铂等金属作催化剂，如铂电极、活性炭电极等，具有很强的催化活性。电解质溶液一般为40%的KOH溶液。

另一种燃料电池是用金属铂片插入KOH溶液作电极，又在两极上分别通甲烷

（燃料）和氧气（氧化剂）。

目前已研制成功的铝—空气燃料电池，它的优点是：体积小、能量大、使用方便、不污染环境、耗能少。这种电池可代替汽油作为汽车的动力，还能用于收音机、照明电源、野营炊具、野外作业工具等。

5.锂电池

锂电池是金属锂作负极，石墨作正极，无机溶剂亚硫酰氯（SO_2Cl_2）在炭极上发生还原反应。电解液是由四氯铝化锂（$LiAlCl_4$）溶解于亚硫酰氯中组成。

锂是密度最小的金属，用锂作为电池的负极，跟用相同质量的其它金属作负极相比较，能在较小的体积和质量下能放出较多的电能，放电时电压十分稳定，贮存时间长，能在216.3～344.1K温度范围内工作，使用寿命大大延长。锂电池是一种高能电池，它具有质量轻、电压高、工作效率高和贮存寿命长的优点，因而已用于电脑、照相机、手表、心脏起博器上，以及作为火箭、导弹等的动力资源。

微型电池：常用于心脏起搏器和火箭的一种微型电池是锂电池。这种电池容量大，电压稳定，能在-56.7℃～71.1℃温度范围内正常工作。

6.海水电池

1991年，我国首创以铝—空气—海水电池为能源的新型电池，用作海水标志灯已研制成功。该电池以取之不尽的海水为电解质溶液，靠空气中的氧气使铝不断氧化而产生电流。只要把灯放入海水中数分钟，就会发出耀眼的白光，其能量比干电池高20—50倍。负极材料是铝，正极材料可以用石墨。

7.溴—锌蓄电池

国外新近研制的的基本构造是用碳棒作两极，溴化锌溶液作电解液。

第四节　化学反应中的"润滑油"

类很早就利用催化剂为自己服务了，尽管他们根本不了解它在化学反应中所

152

青少年应该知道的化学知识

起的重要作用。古代练金士把硫磺和硝石放在一起来制备硫酸，其中硝石就是催化剂。把酒曲加到粮食中酿酒和制醋，酒曲就是一种催化剂。

到了十九世纪，德国化学家奥斯瓦尔德对催化剂进行了深入的研究，并首次阐明了它的本质。他发现蔗糖在水溶液中能够发生水解反应，转变为葡萄糖和果糖，但是这种转化过程非常缓慢。可是在蔗糖中加入硫酸，蔗糖就很快转变成葡萄糖和果糖。类似的反应还有很多。奥斯瓦尔德还注意到在反应后，硫酸依然保持不变。这不禁让他想到了工厂的机器，当机器转动时，为减少机器摩擦常加一些润滑油。润滑油在使用过程中，本身并没有发生变化，但却成了机器运转过程中必不可少的一部分。就像这些能够加快化学反应的物质一样，他称这些物质为催化剂。

催化剂有专一性，也就是说某一催化剂只对某个特定的反应起作用。比如说生产化肥时，只有在铁作为催化剂时，氮气和氢气才能生成氨。有时候，化学家为了寻找到一种合适的催化剂，往往要耗费很多心血。

催化剂的种类繁多，其中酶就是日常生活中常见的一种。酶是一种酵素，像烤面包、发酵葡萄汁的酵母菌，使牛奶变酸的乳酸菌等等。此外，在人体中一刻也离不开以酶为催化剂的化学反应。酶在化工生产领域中用途极广，有的反应用一般的无机物作为催化剂，往往需要高温和高压，如果换成酶在常温常压下即可反应，既经济又方便。

对于催化剂，还有许多谜还未解开，有待于人类进一步探索。

153

第五节　节水能手——铜水管

铜水管，正从节水龙头开始逐渐被人们所普遍应用。其实，除了节水，使用铜水管对人的身体健康也很有好处。建设部给水排水产品标准化委员会副主任委员姜文源先生详细地解答了我们提出的有关问题。

问：为什么使用铜水管能够更好的达到节水的目的呢？

答：北京市的老式螺旋水龙头几乎全是铁制的，采用橡皮密封，主要缺点是

易腐蚀，容易导致污染水质；密封易损坏，容易导致漏水严重；开关行程长，控制水流量很不方便。

现在采用的节水龙头，主体是由黄铜制成的，采用陶瓷密封，外表还镀了一层铬。这种黄铜水龙头抗锈蚀，不渗漏，开关行程短——只有90度，能够很好的控制水流量的大小，起到很好的节水效果。而且由于铜的抗压性、强度和韧性都很好，所以采用铜制水管运输公共用水，不用担心有水龙头爆裂的危险。这对于冬天气温比较低的地区来说，在很大程度上也是一种节约用水。

问：使用黄铜水管，自来水会不会发黄？

答：自来水发黄，是使用镀锌管运水时经常会出现的问题。这是因为镀锌管易产生锈蚀，锈蚀溶如水中，自来水自然就成了黄色。使用铜制管材时，水与铜相接触，少量的铜就会溶于水中。铜水管内很块就形成了一层致密牢固的铜氧化物和碳酸盐保护层，避免了进一步腐蚀和铜的过量溶入。

问：铜溶入水中会不会造成对人身体健康的危害呢？

答：不会。首先，铜是人体健康不可缺少的微量金属元素之一。铜是机体内蛋白质和酶的重要组成部分，研究结果表明，至少有20种酶含有铜，其中至少有10种需要铜的参与和活化，才能对机体的代谢过程产生作用。铜对于血液、中枢神经和免疫系统，头发、皮肤和骨骼组织以及脑子、肝和心等内脏的发育和功能有重要影响。同时，铜对于胎儿的正常发育，骨骼的生长，红、白血细胞的发育，铁的运转和吸收，胆固醇和葡萄糖的代谢等都有很重要的作用。

世界卫生组织建议，为了保证身体健康，成人每公斤体重每天应摄入2mg～3mg铜，孕妇和婴儿要摄入更多的铜，才能保证身体健康和发挥机体的正常功能。

更重要的是，铜具有很强的杀菌灭菌功能。达到标准的饮用水在进入现代城市的公共用水系统，特别是在进入用户供水系统后，水中残余的少量细菌会再次滋生或由于其他污物的进入，而造成二次污染。采用铜制水管，除了其较好的密封性防止了其他污物的进入外，铜离子强大的杀菌能力也让细菌不能再次滋生。最近英国应用微生物研究中心的一项研究表明，使用铜水管可以对饮用水中的一些致病生物体，尤其是大肠杆菌产生抑制作用，99%以上的水中细菌在进入铜水管道5个小时后便被杀灭。智利的科学家也发现，铜能够抑制沙门氏菌和弯曲菌

154

青少年应该知道的化学知识

的生长。这两种菌都是常见的导致食物中毒的病原体，严重时还会威胁生命。现在铜已经被用于制成炊具和家庭用具，还被用于游泳池、医院等容易传播疾病的地方，用来防止疾病传播。

在美国，85%的供水系统是铜制的，而中国大部分供水系统都是铁制或其他材料制成的，就是这个区别导致我们的管道水不能直接饮用。

问：我们每天都要喝水，使用铜水管会不会因为铜摄入量过多产生中毒情况？

答：不可否认，铜摄入量过多会对人体健康产生危害，如果人不小心喝了硝酸铜或硫酸铜溶液肯定会中毒。但是，正如我们前面说过的，铜水接触后产生的铜氧化物和碳酸盐保护层防止了铜的过量溶入。而且，健康人的肝脏排泄铜的能量极强，人体内铜含量过多而引起慢性中毒的病例极少，仅有的几个例子是由于肝部疾病导致的体内铜的保留量过多。目前尚没有关于铜职业病、慢性铜中毒的病例报道。

第六节　科学施肥好处多

施肥是调节作物营养，提高土壤肥力，使作物高产的重要措施。施肥并不是越多越好，而是要做到科学施肥。科学施肥的核心问题，一是如何减少肥料养分的损失，用最少的肥料，获得最高的产量，最大限度地提高肥料的利用率；二是调节好化肥和农家肥的施用比例，氮、磷、钾肥平衡施肥，提高土壤肥力，防止水土污染。为此，在施肥时要注意以下几点：

1.化肥和农家肥配合使用

长期单纯使用化肥，会造成土壤肥力下降，作物产量和质量下降，破坏生态平衡，并且造成环境污染。化肥和农家肥配合使用，可以改善作物营养，提高土壤肥力，降低施肥成本，提高施肥成效，提高作物产量和质量，而且能够减少环境污染。两者取长补短，缓急相济，一般认为化肥和农家肥比例在7:3到3:7范围内效果较好。

2.各种养分平衡供应

1989年，我国化肥的施用比例（N∶P2O5∶K2O=1∶0.34∶0.09）低于世界平均水平（1∶0.47∶0.37），造成缺磷少钾，比例失调。要根据作物和土壤情况，使氮、磷、钾肥按比例配合使用，同时注意微量元素肥料的合理施用，平衡供应养分，充分发挥肥料间的相互促进作用。

3.肥料性质

肥料种类很多，性质各不相同。施肥前，要对肥料的养分含量、溶解度、酸碱性、副作用、肥料混合后的相互作用等因素进行综合考虑，以充分发挥肥料的经济效益。

4.作物特点

作物种类不同，需要各种养分的数量和比例也不尽同。如禾谷类作物，需要较多的氮肥，也需要适当的磷肥、钾肥；豆科植物其根部有根瘤菌，可以固定空气中的氮元素，一般不需大量施用氮肥，但是需要较多的磷肥、钾肥。作物在不同的生长期对各种营养元素的数量、浓度和比例也有不同要求。在作物生长过程中，常有一个时期对某种养分的需求最迫切，吸收养分的能力最强，此时呢要及时提供充足的养分。

5.土壤状况

施肥前，要对土壤的性质，如土壤有机质和土壤养分状况、土壤质地、土壤酸碱性、土壤熟化程度进行测定，以选择合适的肥料品种，确定合理的施肥方案。

6.气候条件

气候条件如光照、温度、雨量都是影响土壤养分的分解转化和作物吸收养分的重要因素，所以呢，应加以考虑。

7.农业技术条件

农业技术条件与施肥效果关系密切，比如轮作制度、耕作方法、灌溉排水技术等等，都对肥效有直接影响。

因此，我们不仅要了解作物的营养特性，作物种类和不同发育阶段对养分的

青少年应该知道的化学知识

要求，还要全面考虑土壤和气候条件、肥料本身的性质，运用合理的农业技术，充分发挥肥效，以获得作物高产和稳产。

第七节　老酒为什么格外香

驰名中外的贵州茅台酒，做好后用坛子密封埋在地下数年后，才取出分装出售、这种酒酒香浓郁、味道纯正，独具一格为酒中上品。它的制作方法是有科学道理的。

在一般酒中，除乙醇外，还含有有机酸、杂醇等，有机酸带酸味，杂醇气味难闻，饮用时涩口刺喉，但长期贮藏过程中有机酸能与杂醇相互酯化，形成多种酯类化合物，每种酯具有一种香气，多种酯就具有多种香气，所以老酒的香气是混合香型。浓郁而优美，由于杂醇被酯化而除去，所以口感味道也变得纯正了。

第八节　卤水点豆腐的秘密

如果你注意一下豆腐坊里做豆腐的情形，就会发现：人们总是用水把黄豆浸胀，磨成豆浆，煮沸，然后进行点卤——往豆浆里加入盐卤。这时，就有许多白花花的东西析出来，一过滤，就制成了豆腐。

盐卤既然喝不得，为什么做豆腐却要用盐卤呢？

原来，黄豆最主要的化学成分是蛋白质。蛋白质是由氨基酸所组成的高分子化合物，在蛋白质的表面上带有自由的羧基和氨基。由于这些基对水的作用，使蛋白质颗粒表面形成一层带有相同电荷的水膜的胶体物质，使颗粒相互隔离，不会因碰撞而粘结下沉。

点卤时，由于盐卤是电解质，它们在水里会分成许多带电的小颗粒——正离子与负离子，由于这些离子的水化作用而夺取了蛋白质的水膜，以致没有足够的水来溶解蛋白质。另外，盐的正负离子抑制了由于蛋白质表面所带电荷而引起的

斥力，这样使蛋白质的溶解度降低，而颗粒相互凝聚成沉淀。这时，豆浆里就出现了许多白花花的东西了。

盐卤里有许多电解质，主要是钙、镁等金属离子，它们会使人体内的蛋白质凝固，所以人如果多喝了盐卤，就会有生命危险。

豆腐作坊里有时不用盐卤点卤，而是用石膏点卤，道理也一样。

第九节　牛奶的化学成分

在牛奶中含有100多种化学成分，但主要是以下成分：水分　脂肪　蛋白质　乳糖　无机盐　。

正常牛奶的成分含量一般是稳定的，因此可根据成分的变化，判断牛奶的好坏。牛奶成分的含量与牛的品种、个体、年龄、产奶期、挤奶时间、饲料、疾病等因素有关。

牛奶的理化性质：

一、颜色

正常新鲜的牛奶为白色或稍带黄色的不透明液体。牛奶呈白色，是由于奶中肢肪球，酪蛋白酸钙，磷酸钙等对光的反射和折射所致。呈微黄色是由于奶中存在有维生素A和胡萝卜素、核黄素、乳黄素等色素造成。维生素A主要来源于青饲料，所以采食较多青饲料的牛所产生的奶，其颜色为稍黄。如果新鲜牛奶呈红色、绿色、或明显的黄色，则属异常。

二、气味和滋味

牛奶中存在有挥发性肢肪酸和其他挥发性物质，所以牛奶带有特殊的香味。牛奶加热后香味较浓，；冷却后则减弱。牛奶很容易吸附外来的各种气味，使牛奶带有异味。如牛奶挤出后在牛舍久置，往往带有牛粪味和饲料味。牛奶与鱼虾类放在一起则带有鱼虾味。牛奶在太阳下暴晒，会带有油酸味，储存牛奶的容器不良则产生金属味，饲料对牛奶的气味也有很强的影响。因此，饲养奶牛，不仅要注意提高产奶量而且要注意饲料的配合、环境因素以及储奶容器等，以获得质量和数量都好的牛奶。

三、牛奶的比重与密度

牛奶的比重，是指牛奶在15度时，一定容积牛奶的重量与同容积同温度的水的重量之比。牛奶的密度是指在20度时的牛奶与同体积的水的质量之比。相同温度下牛奶的密度与比重绝对值差异不大，但因为制作比重计时的温度标准不同，使得密度较比重小0.002，正常牛奶的密度平均为1.030，比重平均为1.032。奶中无脂干物质越多密度越高。一般初奶的密度为1.038~1.040。在奶中掺水后，每增加10%的水，密度降0.003。牛奶的比重或密度，是检验奶质量的常用指标。

四、牛奶的污染与防治措施

挤奶前的污染：即使是健康牛的奶，也会有一定量的细菌，因为奶牛在挤奶前常被微生物从奶头侵入。根据检验，刚挤出的奶细菌数量最多，随着挤奶的继续进行，细菌数量逐渐减少。因此，为提高奶的质量，应尽可能保持奶头的清洁，每次挤出的一二把奶最好单独处理。

挤奶时的感染：挤奶时不注意也会受牛体、用具以及挤奶人的手的感染。为减少感染，应做好牛舍的清洁，保持牛体、用具的干净。奶挤出后应及时过滤。挤奶后的感染：牛奶经过滤后最好及时加工利用，或将牛奶迅速冷却（5度以下），以抑制奶中的微生物的繁殖，保持奶的新鲜。在2~4度下保存以不超过两天为宜。

第十节　来自农作物的化学品

近年来，随着能源危机、大气污染、水污染、沙尘暴、苏丹红、红心鸭蛋、孔雀石绿、瘦肉精等事件公诸于世，家装材料、皮革鞋类等的甲醛、苯含量超标

的屡次暴光，化学品及含有化学品的物质使用及安全问题已经成为老百姓茶余饭后谈论的话题，来自农作物的化学品是大家渴望的化学品。

一、污染预防比污染控制或防治更重要

从人类意识到环境污染开始，到现在已经发明新方法处理废弃物、治理污染点或减少有毒物的暴露等。但这些都是污染控制，而不是污染预防，我们总不能一直跟在污染的屁股后面追，因为我们消耗再多的时间与金钱都赶不上它的脚步。因此，我们应从另一条路出发，抢在其之前将它拦截。

美国国会于1990年通过《污染预防法案》，明确提出污染预防这一新概念，即环境保护的首选对策是在源头防止废物的生成，这样就能避免对化学废物的进一步处理。

二、农作物化学品体现了污染预防的新理念

使用谷物生产的化学品叫农作物化学品，许多农作物化学品对环境的破坏作用远远低于以石油、煤、天然气、海洋资源等为原料生产的化学品。当然某些农作物化学品对我们人类可能是有害的，但大部分却是对人类无毒无害的。

由于农作物化学品是以植物为原料生产的，因此像自然界将枯死的植物分解处理掉一样，自然界同样也能将农作物化学品分解，使其消失。试想一下，当一棵树倒地以后，极小的微生物在该树的树叶和树枝上开始工作直到树完全腐败烂掉；大部分由农作物化学品生产的产品也会发生同样的情况。例如，一种以谷物为原料生产的化学品（如聚乳酸树脂）所制作的手套，只要填埋几个星期就能很快被分解并最终完全消失，医院的外科医生每天都要使用几十副这种手套；相反，一种由石化产品（即以石油为原料生产的一类化学品）制作的塑料（聚乙烯等）手套可能会残存成百上千年而不会腐烂消失。

因此，来自农作物的化学品能体现污染预防的新理念，是从源头消除污染的一项措施，是当今国际化学科学研究的前沿。

三、农作物化学品的生产

生产许多农作物化学品的初始原料是富含能量的碳水化合物，如糖和淀粉。为了将玉米中的碳水化合物转化并合成能用于制造新型塑料（聚乳酸）的农作物

化学品，首先要将特种细菌放入装满玉米的大瓦罐，细菌通过玉米发酵将玉米中的碳水化合物转换成乳酸，然后再用这种乳酸制造农作物化学品。所以，细菌为人类做了将碳水化合物转化成有用分子的所有工作，但是最艰难的工作还在其后面，发酵过程产生的酿造物是含有各种成分的混合物，我们必须找到一种方法，将其中我们需要的成分（如乳酸）从这些混合物中分离出来。科学家已经发明了一种新的方法来分离玉米发酵后的混合物，开始时，他们使用一种新的塑料薄膜作非常细密的滤纸，当混合物通过这种塑料薄膜时，滤纸能够将我们需要的乳酸留下，而让其他物质通过。

四、一种农作物化学品——溶剂简介

溶剂无处不在，如在工厂的许多流程中，需要使用溶剂来清洗电子零件；在回收处理废报纸时，也要使用溶剂来除去油墨；在家庭生活中，人们也常使用各种方法去污剂（溶剂）来清除油污和涂料。

仅在美国，每年消耗的溶剂就超过400万吨。目前这些溶剂大多是石化产品，而且可能是有毒的。科学家早就知道，真正安全的溶剂应该是用农作物化学品来制造，但要从农作物中获得这样的溶剂，其过程繁杂且价格昂贵。因此，尽管来自农作物的溶剂是绿色环保的，但如果其价格过于昂贵，对使用它们的人来说，就毫无意义。

作为化学家，他们的挑战就是要从全新的角度去思考一种古老的生产过程，必须找到更便宜的方法制造出绿色环保的溶剂。印度的达特博士及其同事已经找到了一种用玉米制造各种有效溶剂的优良方法，其生产所花费的成本还不到原来生产方法的一半，而且该方法的能耗也只有原来的90%。不久的将来，美国人所用的大部分溶剂很可能被以玉米为原料生产的更清洁、安全的溶剂所替代。这些溶剂可以溶解许多物质，如指甲油去除剂、油漆消除剂、包装厢内的填充剂、饮料瓶、食品包装袋、清洁剂、乙醇汽油等。

用像玉米那样的天然产品生产出的化学品来代替安全性较差的其它化学品是十分令人满意和高兴的事情，很难找到像由玉米制成的溶剂这样的化合物，它们既具有丰富的用途，又无毒害，而且还能在自然界中自然分解，不会造成环境污染。

　　然而，目前我国在此领域还是一片空白，希望有志于成为化学家的同学不妨努力学习，大胆探索、研究，争取有一天，你们也能发明更先进的制造农作物化学品的方法，也许通过你们的努力，以玉米为原料制造的能源发动汽车、以植物为原料制作的可乐等将变成现实

第十一节　皮蛋制作中的化学

　　制皮蛋的主要原料是生石灰、纯碱、食盐、红茶叶、水和植物灰（含有氧化钙、氧化钾）。把原料按一定的比例溶于水制成料液（或料泥）时，发生一系列的化学反应，生成氢氧化钠、氢氧化钾、碳酸钙，并电离出氢氧根离子、钾离子、钠离子和钙离子。

　　把蛋浸入料液（或包入料泥）中，这些离子渗入蛋壳内。蛋白中的蛋白质在氢氧根的作用下开始"凝固"与水形成胶冻，同时钠离子、钾离子、钙离子和红茶中的鞣质都促使蛋白质凝固和沉淀，也使蛋黄凝固和收缩。蛋白质在氢氧根离子的作用下还会逐步分解成多种氨基酸，氨基酸进一步分解出氢、氨和微量的硫化氢等，加上渗入的咸味、茶香味使皮蛋具有特殊的风味和较高的营养价值。分解出来的氨基酸与渗入的碱反应生成的氨基酸盐，在蛋黄表面或蛋白中结晶出来，形成一朵朵美丽的"松花"。

　　含硫较高的蛋黄蛋白质在氢氧根离子的作用下，分解成多种氨基酸的同时产生了硫氢基和二硫基与蛋黄中的色素和蛋内的各种金属离子结合，使蛋黄出现了墨绿、草绿、茶色、暗绿、橙红等颜色，加上外层蛋白的红褐色（或黑褐色）形成了五彩缤纷的色层皮蛋，所以皮蛋又叫彩蛋。

青少年应该知道的化学知识

第十二节 "人造牛排"和"全素烤鸭"

在商店里，你可以买到"植物蛋白肉"、"植物蛋白肉"这个名字有点古怪，既然是肉，怎么又是植物蛋白呢？有人甚至于幻想，将来有一天会出现"酱汁人造牛排"、"全素烤鸭"。

这是怎么回事呢？话得从头说起。我们的食物不论来自植物、动物还是微生物，在化学家的眼里不过是一些蛋白质、脂肪、糖、维生素、无机盐和水，而这些营养物质大部分是碳、氢、氧和氮四种化学元素构成的化合物，再配合少量的硫、磷、铁、氯、钠、碘、镁、钴等，不超过二十种元素。

植物油和动物油都是由碳、氢、氧三种元素组成的脂肪酸和"汁"油结合的产物，可以说是大同小异。植物油通常是液态的，而动物油却是固态或冻状的，这是由于植物油含的氢比动物油少。于是，人们就用来源广泛的植物油做原料，通入氢气，在化学催化剂的帮助下，增加含氢量，再配上一些香精，便制造出了和奶油差不多的"人造奶油"。

人造奶油的发明曾得到过拿破仑的金奖。由于它不含胆固醇，而且价格低廉，颇受人们欢迎。全世界每年生产人造奶油近六百万吨，已经超过天然奶油的供应量。

炖肉的鲜味来自蛋白质解体后的氨基酸。味精就是纯净的谷氨酸钠。谷氨酸是一种鲜美的氨基酸，也称"麸氨酸"，因为最早是由麦麸发酵制造得来的。

制造味精，一般是把面粉里的蛋白质——面筋洗出来，经过发酵，分解，提纯，生产出来味精。现在已经改用盐酸做为"化学刀"来"切开"蛋白质的新工艺生产味精，速度快，效率高。你看，从植物蛋白质得到了味道象肉那样鲜美的味精。味精是素的还是荤的呢？

前面说到的植物蛋白肉是由豆类蛋白质加工而来，配上味精等调料，吃起来还真有点肉味呢！利用植物蛋白或者石油微生物蛋白做原料，加工成鸡、鸭、鱼、肉的形状，淋洒点化学香精如鸡味素、鱼鲜精，再涂抹上食用色素，就成为以假乱真的"人造佳肴"了。

模仿自然物质，合成各种各样的香精和色素，对于化学家来说，并不难。

比如，醋酸和酒精生成的醋酸乙酯有梨香味，戊酸异戊酯飘散出菠萝香，油酸和香草醛散发出浓郁的奶油芬芳。当然，人造食物要做到完全和天然的食物一模一样、分毫不差，不太容易。食品化学家用灵敏的化学分析仪器检验过，每种食品里含有几十种到上百种化合物，它们的品种和数量又是那么千差万别，稍有一点变化，风味就大不相同。

即使动用大型电子计算机来设计合成方案，也无济于事。将来，从化工厂里源源不断地生产出"人造牛排"、"全素烤鸭"的时候，你就不会感到吃惊了，因为这是化学创造的奇迹，化学使人造食物摆满餐桌。

第十三节　三大毒品简介

大家从电视、报纸上可能看到过"白粉妹"的自述吧？

那么是什么原因让这些如花似玉的姑娘，不去珍惜青春的韶华，却爱与白魔交上朋友为什么这些原在明媚阳光下舒展美的天使，却喜欢去拥抱幽灵般的噩梦呢？其原因固然很多，但其中之一是人们对毒品的本质认识不够，对毒品的危害性认识不足。

不少人是出于好奇心，由尝试毒品开始，逐渐发展成为不能自拔的瘾君子，最终为毒品所吞噬。因此，扫毒斗争是顷刻不容缓的工作，应当引起各部门的高度重视和警觉。然而光*警方严厉打击贩毒团伙是不够的，应当提高全民的反毒意识和对毒品的抵御能力。尤其要从教育抓起，学校要设立以了解毒品危害为内容的卫生保健课，定期为在校学生讲授。为了使大家能更好地了解和认识毒品，本文特对三大毒品进行简介。

那么，什么是毒品呢？

毒品一般指非医疗、非科研、非教学需要而滥用的有依赖性的药品，或指被国家管制的、对人有依赖性的麻醉药品。通常所说的三大毒品是可卡因、大麻和海洛因。

1.可卡因

又称"古柯碱"，它是一种生物碱，分子式为$C_{17}H_{21}NO_4$，分子量为303.36；纯净物是白色结晶性粉末，有局部麻醉作用，而且毒性较大，它是一种能导致神经兴奋的兴奋剂和欣快剂，最早是在1859年由奥地利的化学家从南非灌木中一种叫做古柯植物的叶子中提炼出来的，当地居民从生活经验中得知，嚼食这种植物的叶子可以起到消除疲劳，提高情绪的作用，因此很早开始使用，但长期使用会引起医学上称为偏执狂型的精神病，如果怀孕妇女服用，有可能导致胎儿的流产、早产或死产；大量服用，能刺激脊髓，引起人的惊厥，严重的可达到呼吸衰竭以致死亡的程度。

2.大麻

大麻主要成份有三个部分：大麻油、大麻草和大麻酯，最起作用的成份是四氢大麻酚。现代化学家从大麻中已提炼出四万多种化合物。世界上最大的大麻产地是哥伦比亚，因此哥伦比亚的毒枭是世界闻名的，它的年产量在7500～9000吨，其次是墨西哥和美国。

大麻是从一年生植物中提取的，由于种植和加工比较方便，价格便宜，故被称为穷人的毒品。它的毒性仅次于鸦片，可以口服，吸烟，也可以咀嚼。根据试验表明：人一般吸入7毫克即可引起欣快感。它有生理的依赖性，会使人上瘾。医学实验表明：长期服用会使人失眠、食欲减退、性情急躁、容易发怒、产生呕吐、幻觉，使人的理解力、判断力和记忆力衰退，对疾病的免疫力下降，从而使人容易得各种疾病，结果使人身体虚弱、消瘦，严重影响健康。

3.海洛因（Heroin）

俗称"白粉"、"白面儿"。纯净物是白色晶体、味苦、有毒，其毒性相当于吗啡的2～3倍，它是毒性之王。是由吗啡加上化学物质发生反应而制得的。从组成上看，它是吗啡的二乙酰衍生物，通常含有乙酰吗啡盐70%以上。

海洛因对人体没有任何医疗作用，吸食后极易上瘾，使人进入宁静、温暖、快慰、平安状态，并能持续几个小时，长期服用会引起人体心律失常、肾功能衰竭、皮肤感染、肺活量降低、全身性化脓性并发症，还能引起便秘、肠梗阻、白尿等多种症状，会使人身体消瘦、心理变态、性欲亢进、智力减退。女性服用

后会使月经失调、乳房萎缩，若吸入过多，会使人死亡。本文开头所述的"白粉妹"中就有一位原体重55公斤，具有丰腴体型的姑娘，吸食海洛因一段时间后，变成一个体重只有40公斤，骨瘦如柴的女子。可见海洛因对人体的危害十分严重。

从以上三大毒品的介绍可知，毒品是万恶之源，不仅摧残肉体，扭曲心灵，并且刻意引发偷盗、赌博、强奸、卖淫、杀人放火等一切人间罪孽。因此，动员全民开展扫毒教育活动势在必行。为了防止毒品蔓延和侵蚀人类，必须打好这场全民参与的反吸毒贩毒的战争。

第十四节　水垢的形成

水中溶解有碳酸氢钙，一点也看不出来。

但当把含有碳酸氢钙的水放到锅中烧时，碳酸氢钙在受热后，逐渐分解，又转变为原来的二氧化碳、水以及碳酸钙。这些含有碳酸钙的开水到在茶壶或者热水瓶内，碳酸钙就逐渐深入瓶底或附结在内壁上，时间一长，碳酸钙结起，就成了"茶垢"。

那么，为什么盐酸能除掉碳酸钙呢？这又是一个化学反应，生成一种叫做氯化钙的新物质。氯化钙能够溶解在水中，所以只要用水一洗就没有了。

这样一来，"茶垢"就除掉了。用盐酸除"茶垢"。可得注意：首先，不要直接用手去抹，最好用根铜丝缠着布条来擦洗，其次，盐酸要配得稀一点，不能太浓，而且还不能太多，因为盐酸有腐蚀性。除掉"茶垢"后，要用水认认真真地冲洗几遍，才能把盐酸除去；或者在茶壶里盛些水，放上几只铁钉，过几天，那些残存的盐酸就没有了。

第十五节　铜器银器颜色发暗怎么办

1.铜器发暗怎么办?

铜器在空气中置久会"生锈"。铜在潮湿的空气中会被氧化成黑色的氧化铜，铜器表面的氧化铜继续与空气中的二氧化碳作用，生成一层绿色的碱式碳酸铜$CuCO_3 \cdot Cu(OH)_2$。另外，铜也会与空气中的硫化氢发生作用，生成黑色的硫化铜。用蘸浓氨水的棉花擦洗发暗的铜器的表面，就立刻会发亮。因为用浓氨水擦洗铜器的表面，氧化铜、碱式碳酸铜和硫化铜都会转变成可溶性的铜氨络合物而被除去。或者用醋酸擦洗，把表面上的污物转化为可溶性的醋酸铜，但这效果不如前者好，洗后再用清水洗净铜器，铜器就又亮了。

2.银器发暗怎么办

银器发暗跟铜器发暗原理差不多，是因为银和空气中的硫化氢作用生成黑色的硫化银（Ag_2S）的结果。欲使银器变亮，须用洗衣粉先洗去表面的油污，把它和铝片放在一起，放入碳酸钠溶液中煮，到银器恢复银白色，取出银器，用水洗净后可看到光亮如新的银器表面。反应的化学方程式如下：

$$2Al+3Ag_2S+6H_2O=6Ag+2Al(OH)_3+3H_2S$$

第十六节　玩转不锈钢

生铁和钢都是铁和合金，在众多的金属制品中，不锈钢以其光洁美观、不易污染、不生锈等特点，被加工成装饰品、餐具、炊具等，广受青睐。

不锈钢中以铁为主，还含有抗腐蚀性很强的铬和镍。铬的含量一般在13%以上，镍的含量也在10%左右。不锈钢餐具上印有"13～0"、"18～0"、"18～8"三种代号，代号前的数字表示含铬量，铬是使产品"不锈"的材料；后面的数字则代表镍含量，镍含量越高，耐腐蚀性越好。

选购不锈钢产品时应查看所用的材质和钢号，同时用磁铁来判断。目前，用于生产餐具的不锈钢主要有"奥氏体型"不锈钢和"马氏体型"不锈钢两种。碗、盘等一般采用"奥氏体型"不锈钢生产，没有磁性；刀、*等一般采用"马氏体型"不锈钢生产，"马氏体型"不锈钢有磁性。由于材料的不同，合格的不锈钢餐具的重量一般大于"水货"产品。

使用不锈钢厨、餐具时应注意以下几点：

1.不可长时间盛放盐、酱油、菜汤等。因为这些食品中含有许多电解质，如果长时间盛放，不锈钢会像其他金属一样，与之起电化学反应，使有毒金属元素溶解出来。鱼、肉、海产品等强酸食品和蔬菜、瓜果、大豆等强碱性食品，也都不要用不锈钢餐具长时间盛放，以防铬、镍等有害金属元素溶出。

2.不用来煎熬中药。中药含生物碱、有机酸等，加热时有可能与之发生化学反应，使药物失效，甚至生成毒性物质。

3.勿用强碱或强氧化性的洗涤用品，如苏打、漂白粉等。

4.不能空烧。不锈钢炊具较铁、铝制品导热系数低，传热时间慢，空烧会造成炊具表面镀铬层的老化、脱落。一旦发现不锈钢餐具变形或者表层破损，就应该及时更换餐具。

5.保持炊具清洁，经常擦洗，特别是存放过醋、酱油等调味品后要及时洗净，保持炊具干燥。

第十七节　作用奇特的物理肥料

长期以来，农家使用的肥料绝大多数是呈固态或液态状的有机肥料和化学肥料。随着科学技术的进步，一些无形的物理肥料也粉墨登场，给农业增产带来了极大的好处。开发使用新型的物理肥料，已成为世界各国肥料生产发展的新趋势。

光肥　科学家研究证明，利用特定波段的光波，也就是不同色彩的光线，对农作物进行特殊的照射，刺激农作物的内部组织，既可促进生长发育，又可提

168

青少年应该知道的化学知识

高营养成分的数量和质量。于是便利用彩色塑料薄膜使不同波长的太阳光照射作物，结果增产效果明显。如用红光定期地照射黄瓜和西红柿，果实成熟期可提早几个月，产量增加2倍，果实中的糖分、维生素C及某些微量元素均有明显提高；用黄光照射芹菜，芹菜长得茎粗叶茂；用蓝光照射大豆，成熟期可缩短1月，大豆蛋白质含量提高20%；用绿色薄膜覆盖菠菜，仅4天菠菜就能长到7厘米高；在黄瓜幼苗生成期间，用黑色薄膜蒙上几天），可促使黄瓜提前绽蕾开花；茄子经紫色光照射也能提高产量。

太阳是取之不尽、用之不竭的光能来源，目前人类。对它照射到地球上的部分、利用率仅4%，这种最经济最实惠的物理肥料已受到世界各国的重视，称它为"彩色农业"。

气肥　目前开发的气体肥料主要是二氧化碳，因为二氧化碳是植物进行光合作用必不可少的原料。在一定范围内。二氧化碳的浓度越高，植物的光合作用也越强，因此二氧化碳是最好的气肥。美国科学家在新泽西州的一家农场里，利用二氧化碳对不同作物的不同生长期进行了大量的试验研究，他们发现二氧化碳在农作物的生长旺盛期和成熟期使用，效果最显著。在这两个时期中，如果每周喷射两次二氧化碳气体，喷上4～5次后，蔬菜可增产90%，水稻增产70%，大豆增产60%，高粱甚至可以增产200%。

气肥发展前途很大，但目前科学家还难以确定每种作物究竟吸收多少二氧化碳后效果最好。除了二氧化碳外，是否还有其他气体可作气体肥料？

最近，德国地质学家埃伦斯特发现，凡是在有地下天然气冒出来的地方，植物都生长得特别茂盛。于是他将液化天然气通过专门管道送入土壤，结果在两年之中这种特殊的气体肥料都一直有效。原来是天然气中的主要成分甲烷起的作用，甲烷用于帮助土壤微生物的繁殖，而这些微生物可以改善土壤结构，帮助植物充分地吸收营养物质。

电肥　美国植物生理学家发现，微弱的电流可以加快种子发芽，提高农作物的光合作用效能。他们在农作物上方设置了一个特殊的铁丝网作为正极，又以地面为负极，于是在两极之间形成一个高强度的人工电场。结果种植在电场范围内的黄瓜、西红柿、大白菜等。蔬菜生长期均比原来缩短一半，产量增加5成以上，纤维素质量也明显提高。科技人员又将微弱的电流通入稻田，人为地提高稻

田的电位差，不但产量提高5成，灌溉用水也减少一半以上。

第十八节　银中鉴铜

某工厂生产过程中需要高纯度的银丝。有一天，供销员从外地购回一批银丝，有一位技术员一看银丝便说："这银丝不纯，里面掺铜了，不能使用。"但也有人不同意他的说法，认为里面没有铜，这两种说法谁说的对呢？请读者帮助他们用化学方法鉴定一下，看看这批银丝里倒底有没有铜？

首先，取少量银丝溶解在浓硝酸中。

然后取此少量溶液加入过量的盐酸中，这时如有白色沉淀生成，并滤去白色沉淀物。再向滤液中加入大量的氨水，如果有深蓝色铜氨络离子生成，证明有铜存在。反之，如果没有深蓝色的铜氨络离子生成，就证明没有铜。

第五章　化学与环境

第一节　八大公害事件

公害事件（publie nuisance events）就是指：因环境污染造成的在短期内人群大量发病和死亡事件。其中影响最大的八大公害事件是指以下几个事件：

1.马斯河谷事件

1930年12月1日～5日，比利时马斯河谷工业区处于狭窄的盆地中，12月1日～5日发生气温逆转，工厂排出的有害气体在近地层积累，三天后有人发病，症状表现为胸痛、咳嗽、呼吸困难等。一周内有60多人死亡；心脏病、肺病患者死亡率为最高。

2.多诺拉事件

1948年10月26日～31日，美国宾夕法尼亚洲多诺拉镇，该镇处于河谷，10月最后一个星期大部分地区受反报旋、逆温控制，加上26～30日持续有雾，使大气污染物在近地层积累。二氧化硫及其氧化作用的产物与大气中尘粒结合是致害因素，发病者5911人，占全镇人口43%；症状是眼痛、喉痛、流鼻涕、干咳、头痛、肢体酸软乏力、呕吐、腹泻，最终死亡17人。

3.洛杉矶光化学烟雾事件

40年代初期，美国洛杉矶市全市250多万辆汽车每天消耗汽油约1600万升，向大气排放大量碳氢化合物、氮氧化合物、一氧化碳。该市临海依山，处于50公里长的盆地当中，汽车排出的废气在日光作用下，形成以臭氧为主的光化学烟雾

4.伦敦烟雾事件

1952年12月5日～8日英国伦敦市5日～8日英国几乎全境为浓雾覆盖，四天内死亡人数较常年同期约多40000人，45岁以上的死亡最多，约为平时的3倍；1岁以下死亡人数，约为平时的2倍。事件发生的一周当中因支气管炎死亡是事件发生前一周同类人数的9.3倍。

青少年应该知道的化学知识

5.四日市哮喘事件

1961年，日本四日市从1955年以来，该市石油冶炼和工业燃油产生的废气严重污染着城市空气，重金属微粒与二氧化硫形成硫酸烟雾弥漫着整个城市，1961年哮喘病发作，1967年一些患者不堪忍受而自杀。1972年该市共确认哮喘病患者达817人，其中死亡10多人。

6.米糠油事件

1968年3月，日本北九洲市、爱知县一带生产米糠油的厂家用多氯联苯作脱臭工艺中的热载体，由于生产管理不善，它混入了米糠油当中，人们食用后中毒，患病者超过1400人，截至七八月份患病者更是超过5000人，其中16人死亡，最终实际受害者约为13000人。

7.水俣病事件

1953～1956年，日本熊本县水俣市含甲基汞的工业废水污染当地水体，使水俣湾和不知火海的鱼中毒，人们食用毒鱼后继续受害。1972年日本环境厅公布：水俣湾和新县阿贺野川下游有汞中毒患者200多人，其中有60多人死亡。

8.痛痛病事件

1955～1972年，日本富山县神通川流域的锌、铅冶炼厂所排放的废水污染了神通川水体，两岸居民利用河水灌溉农田，使稻米和饮用水中含镉而中毒，1963年至1979年3月共有患者130人，其中死亡数十人。

第二节　臭氧层空洞

1995年诺贝尔化学奖授予致力于研究臭氧层被破坏问题的三位环境化学家。大气中的臭氧层可滤除大量的紫外光，保护地球上的生物。氟利昂（如CCl_2F_2）可在光的作用下分解，产生Cl原子，Cl原子会对臭氧层产生长久的破坏作用（臭氧的分子式为O_3），Cl是催化剂。破坏臭氧层的物质还有SO_2、NO和NO_2。

在高层大气中（高度范围约离地面15～24km），由氧吸收太阳紫外线辐射而生成可观量的臭氧（O_3）。光子首先将氧分子分解成氧原子，氧原子与氧分子反应生成臭氧：$O_2 \rightarrow 2O$，$O+O_2 \rightarrow O_3$

O_3和O_2属于同素异形体，在通常的温度和压力条件下，两者都是气体。

当O_3的浓度在大气中达到最大值时，就形成厚度约20km的臭氧层。臭氧能吸收波长在220～330nm范围内的紫外光，从而防止这种高能紫外线对地球上生物的伤害。

过去人类的活动尚未达到平流层（海拔约30km）的高度，而臭氧层主要分布在距地面20～25km的大气层中，所以未受到重视。近年来不断测量的结果已证实臭氧层已经开始变薄，乃至出现空洞。1985年，发现南极上方出现了面积与美国大陆相近的臭氧层空洞，1989年又发现北极上空正在形成的另一个臭氧层空

洞。此后发现空洞并非固定在一个区域内，而是每年在移动，且面积不断扩大。臭氧层变薄和出现空洞，就意味着有更多的紫外辐射线到达地面。紫外线对生物具有破坏性，对人的皮肤、眼睛，甚至免疫系统都会造成伤害，强烈的紫外线还会影响鱼虾类和其他水生生物的正常生存，乃至造成某些生物灭绝，会严重阻碍各种农作物和树木的正常生长，又会使由CO_2量增加而导致的温室效应加剧。

人类活动产生的微量气体，如氮氧化物和氟氯烷等，对大气中臭氧的含量有很大的影响。引起臭氧层被破坏的原因有多种解释，其中公认的原因之一是氟里昂（氟氯甲烷类化合物）的大量使用。氟里昂被广泛应用于制冷系统、发泡剂、洗净剂、杀虫剂、除臭剂、头发喷雾剂等。氟里昂化学性质稳定，易挥发，不溶于水。但进入大气平流层后，受紫外线辐射而分解产生Cl原子，Cl原子则可引发破坏$O3$循环的反应：

$Cl+O_3 \rightarrow ClO+O_2$

$ClO+O \rightarrow ClO_2$ 由第一个反应消耗掉的Cl原子，在第二个反应中又重新产生，又可以和另外一个O_3起反应，因此每一个Cl原子能参与大量的破坏O_3的反应，这两个反应加起来的总反应是：

$O_3+O \rightarrow 2O_2$

反应的最后结果是将O_3转变为O_2，而Cl原子本身只作为催化剂，反复起分解O_3的作用。O_3就被来自氟里昂分子释放出的Cl原子引发的反应而破坏。

另外，大型喷气机的尾气和核爆炸烟尘的释放高度均能达到平流层，其中含有各种可与O_3作用的污染物，如NO和某些自由基等。人口的增长和氮肥的大量生产等也可以危害到臭氧层。在氮肥的生产中去向大气释放出各种氮的化合物，其中一部分可能是有害的氧化亚氮（N_2O），它会引发下列反应：

$N_2O+O \rightarrow N2+O_2$

$N_2+O2 \rightarrow 2NO$

$NO+O_3 \rightarrow NO_2+O_2$

$NO_2+O \rightarrow NO+O_2$

$O_3+O \rightarrow 2O_2$

NO按后两个反应式循环反应，使O_3分解。

为了保护臭氧层免遭破坏，于1987年签定了蒙特利尔条约，即禁止使用氟氯烷和其他的卤代烃的国际公约。然而，臭氧层变薄的速度仍在加快。不论是南极地区上空，还是北半球的中纬度地区上空，O_3含量都呈下降趋势。与此同时，关于臭氧层破坏机制的争论也很激烈。例如大气的连续运动性质使人们难以确定臭氧含量的变化究竟是由动态涨落引起的，还是由化学物质破坏引起的，这是争论的焦点之一。由于提出不同观点的科学家在各自所在的地区对大气臭氧进行的观测是局部和有限的，因此建立一个全球范围的臭氧浓度和紫外线强度的监测网络，可能是十分必要的。

联合国环境计划署对臭氧消耗所引起的环境效应进行了估计，认为臭氧每减少1%，具有生理破坏力的紫外线将增加13%，因此，臭氧的减少对动植物尤其是人类生存的危害是公认的事实。保护臭氧层须依靠国际大合作，并采取各种积极、有效的对策。

第三节　大气污染与人体健康

大气污染主要是指大气的化学性污染。大气中化学性污染物的种类很多，对人体危害严重的多达几十种。我国的大气污染属于煤炭型污染，主要的污染物是烟尘和二氧化硫，此外，还有氮氧化物和一氧化碳等。这些污染物主要通过呼吸道进入人体内，不经过肝脏的解毒作用，直接由血液运输到全身。所以，大气的化学性污染对人体健康的危害很大。这种危害可以分为慢性中毒、急性中毒和致癌作用三种。

慢性中毒　大气中化学性污染物的浓度一般比较低，对人体主要产生慢性毒害作用。科学研究表明，城市大气的化学性污染是慢性支气管炎、肺气肿和支气管哮喘等疾病的重要诱因。

急性中毒　在工厂大量排放有害气体并且无风、多雾时，大气中的化学污染物不易散开，就会使人急性中毒。例如，1961年，日本四日市的三家石油化工企业，因为不断地大量排放二氧化硫等化学性污染物，再加上无风的天气，致使当地居民哮喘病大发生。后来，当地的这种大气污染得到了治理，哮喘病的发病率

也随着降低了。

致癌作用 大气中化学性污染物中具有致癌作用的有多环芳烃类（如3，4-苯并芘）和含Pb的化合物等，其中3，4-苯并芘引起肺癌的作用最强烈。燃烧的煤炭、行驶的汽车和香烟的烟雾中都含有很多的3，4-苯并芘。大气中的化学性污染物，还可以降落到水体和土壤中以及农作物上，被农作物吸收和富集后，进而危害人体健康。

大气污染还包括大气的生物性污染和大气的放射性污染。大气的生物性污染物主要有病原菌、霉菌孢子和花粉。病原菌能使人患肺结核等传染病，霉菌孢子和花粉能使一些人产生过敏反应。大气的放射性污染物，主要来自原子能工业的放射性废弃物和医用X射线源等，这些污染物容易使人患皮肤癌和白血病等。

第四节　废旧电池的处理

目前，无论是在马路上还是在居民生活区内，几乎经常可以看到被人们随手丢弃的废旧电池。今后，随着各种用电池做能源的电器设备的增加，这种现象恐怕会更多。废旧电池是一种很厉害的污染物，是破坏生态环境的杀手。

日常使用的电池种类很多。首先有大量的碱锰干电池，镍金属氢电池和锂离子电池等。这些电池，原则上在没有统一回收体系的条件下，是可以随生活垃圾而按普通废物加以处置的。其次有汞、含镉、含铅废电池。这类电池任意废弃后会将大量重金属元素、贵金属元素、碱性溶液等带入环境，引起严重的环境问题，尤其是重金属在环境中的长期滞留会威胁环境生物及人类健康。随着废弃电池的被车辆碾轧，有些变成粉末飘散空中，有可能被吸入人体；那些混在一般生活垃圾中的废电池，在堆放过程中，其中的有害物质会从中溢出，进入土壤或水源同时电池的任意丢弃也是一种资源浪费。因此，对这类电池则须给予高度重视，控制它们的生产和使用，严格回收使用后的废电池，对其中的有用物质加以再生利用或对其进行集中无害化处置。

人饮用了这种被污染的水，或通过食物链，那些有毒物质和重金属也可进入体内。这些重金属一旦进入体内很难排除。随着生物积累浓度越来越高，于是造成对肾脏、肝脏、神经系统、造血机制的损害，严重时会使人罹患"骨痛病"、精神失常甚至癌症，这就是所谓的重金属公害病。

例如，日本曾经发生过四次大的公害事件，其中三件是重金属污染所致。最有名的是1953年发生在日本九州熊本县水俣镇的水俣病和1955年～1972年发生在日本富山县神通川流域的骨痛病。

骨痛病是由于附近的河水被含重金属镉的工业废水污染，河水又用来饮用和浇灌庄稼，这样镉便进入人体，取代了骨骼中的钙，于是人便患上了上述怪病。

电池这东西，是生产多少废弃多少、集中生产分散污染、短时使用长期污染、人们离不开、用后又很难处理的家伙。

国外发达国家对废电池的回收与利用极为重视。西欧许多国家不仅在商店，而且直接在大街上都设有专门的废电池回收箱，废电池中95%的物质均可以回收，尤其是重金属回收价值很高。如国外再生铅业发展迅速，现有铅生产量的55%均来自于再生铅。而再生铅业中，废铅蓄电池的再生处理占据了很大比例。100千克废铅蓄电池可以回收50～60千克铅。对于含镉废电池的再生处理，国外已有较为成熟的技术，处理100千克含镉废电池可回收20千克左右的金属镉。对于含汞电池则主要采用环境无害化处理手段防止其污染环境。

我电池生产业近年来发展迅猛，1997年电池生产量达131亿只，据统计我国每人每年消耗的电池10只，年消耗电池120亿只，折合为69万吨左右。这些电池在完成使命后都将以废电池的形式进入环境，产生一系列后效应。对于大量废电池的处置措施，目前尚无行业法规与条文规定，但从环境保护的角度来看，应加强对废电池的管理，根据电池成分进行分类，并按类别进行妥善处理或处置。

目前，对付废旧电池的最好办法是收集起来进行再利用。废电池的许多材料，尤其是其中的重金属还是很重要的工业原料。

第五节　光化学污染

氮氧化物（NOx）主要是指NO和NO$_2$。NO和NO$_2$都是对人体有害的气体。氮氧化物和碳氢化合物（HC）在大气环境中受强烈的太阳紫外线照射后产生一种新的二次污染物——光化学烟雾，在这种复杂的光化学反应过程中，主要生成光化学氧化剂（主要是O$_3$）及其他多种复杂的化合物，统称光化学烟雾。1946年首次出现在美国洛杉矶，因此又叫洛杉矶型烟雾。主要是由汽车的尾气所引起，而日光在其中起了重要作用。

华灯溢彩，霓虹闪烁。我国越来越多的城市夜景绚丽多彩。然而夜景灯在使城市变美的同时也给都市人的生活带来了一些不利影响。城市上空不见了星辰，刺眼的灯光让人紧张，人工白昼使人难以入睡。城市建设和环境专家提醒说，城市亮起来的同时就伴随着光污染，而"只追求亮，越亮越好"的做法更是会带来难以预计的危害。

国际上一般将光污染分成3类，即白亮污染、人工白昼和彩光污染。

白亮污染阳光照射强烈时，城市里建筑物的玻璃幕墙、釉面砖墙、磨光大理石和各种涂料等装饰反射光线，明晃白亮、眩眼夺目。专家研究发现，长时间在白色光亮污染环境下工作和生活的人，视网膜和虹膜都会受到程度不同的损害，视力急剧下降，白内障的发病率高达45%。还使人头昏心烦，甚至发生失眠、食欲下降、情绪低落、身体乏力等类似神经衰弱的症状。

夏天，玻璃幕墙强烈的反射光进入附近居民楼房内，增加了室内温度，影响正常的生活。有些玻璃幕墙是半圆形的，反射光汇聚还容易引起火灾。烈日下驾车行驶的司机会出其不意地遭到玻璃幕墙反射光的突然袭击，眼睛受到强烈刺激，很容易诱发车祸。

人工白昼夜幕降临后，商场、酒店上的广告灯、霓虹灯闪烁夺目，令人眼花缭乱。有些强光束甚至直冲云霄，使得夜晚如同白天一样，即所谓人工白昼。在这样的"不夜城"里，夜晚难以入睡，扰乱人体正常的生物钟，导致白天工作效率低下。人工白昼还会伤害鸟类和昆虫，强光可能破坏昆虫在夜间的正常繁殖过程。

青少年应该知道的化学知识

　　彩光污染舞厅、夜总会安装的黑光灯、旋转灯、荧光灯以及闪烁的彩色光源构成了彩光污染。据测定，黑光灯所产生的紫外线强度大大亮于太阳光中的紫外线，且对人体有害影响持续时间长。人如果长期接受这种照射，可诱发流鼻血、脱牙、白内障，甚至导致白血病和其他癌变。彩色光源让人眼花缭乱，不仅对眼睛不利，而且干扰大脑中枢神经，使人感到头晕目眩，出现恶心呕吐、失眠等症状。科学家最新研究表明，彩光污染不仅有损人的生理功能，还会影响心理健康。

第六节　急性化学物中毒及现场救护原则

　　随着生产的发展和科学技术的进步，人们接触化学物质的机会和品种日益增加。目前世界市场上可见的化学品多达200万种，其中至少有6～7万种常见于工农业生产和人民生活中，新化学物质也以每年近2万种的速度增加大约有近1千多种要投入市场使用。这样在化学品生产、运输和使用过程中有多种因素可导致化学品有毒有害物逸散造成人员急性中毒事故的发生。有资料显示，全世界每年要发生200多起较严重的灾害性急性化学物中毒事故，给人类的生命安全和赖以生存的大自然生态平衡带来极大的危害。为了有效地防止和消除化学品毒性隐患根源，保护人员的身体健康，凡事故发生时现场人员能就地、就便、及时正确地采取有效的应急措施，即切断毒源、自救互救、就可以防止事故扩大，减少中毒，减轻中毒伤害，为专业防毒救护赢得宝贵时机。

　　具有急性毒作用的化学性毒物，在正常生产、正规操作和具有完善的防护设备的情况下，一般不会发生中毒。急性毒作用的化学物质主要存在于原料、辅助材料、中间产物（中间体）产品，付产品，也可以来自废弃物、自然分解产物、热解产物以及意外情况下的燃烧产物等。例如，造纸、粘胶纤维制造、制革、制骨胶及有机性物质生活污水处理池中废弃物产生的硫化氢气体；含氰废液与酸性废水相遇时产生的氰化氢气体；磷化铅遇湿自然分解产生的磷化氢气体；四氯化

碳等某些卤代烃类气体与明火或灼热金属物体接触时氧化生成的光气；含碳物质燃烧时产生的一氧化碳气体；硝酸胺燃烧产生的氮氧化物；；晴纶燃烧时产生的丙稀晴等，都是急性毒性很大，又非原料的产品，但又都具造成急性化学物中毒的毒性来源。

在生产中生产和使用的有毒物质能造成急性化学物中毒的主要原因为以下几个方面。

1.厂房设计、建设不合理

首先是工厂选址不合适，未进行建设项目卫生预评价分析，对生产和生产使用的化学物毒害作用、接触场所及对人员产生危害影响认识不清楚。厂房狭窄，自然通风不良，通风排毒或事故通风系统不完善、效果不理想，个人防护用品缺乏或有缺陷等不良的生产环境，一旦有大量有毒气体逸出就可造成人员中毒。

2.工业生产中由于设备、陈旧、腐蚀或违章操作等原因，使工业毒物在生产

环境中大量溢散造成工人的急性化学物中毒事故。如盛有化学毒物的容器、管路和罐、釜等设备破裂，毒物大量溢出而引起。

3.生产管理紊乱

违章操作是急性化学物中毒事故最主要原因之一。化工生产因违章操作使化学反应过头，失去控制，引起爆炸，造成大量工业毒物逸散；违章加料同样因化学反应不能正常进行而发生爆炸或冒料等；物料输送管道堵塞，未及时发现和处理，而继续加压时，可使管道破裂而有毒物料喷出；多台反应器串联相通，当其中一台停车检修，但与其他正在使用的设备隔绝不严密，则可串料而引起检修者急性中毒事故；原料不纯，进入化学反应系统后产生付反应，生成不稳定的爆炸性物质而发生爆炸、中毒；化工粗制品中的杂质未及时消除，放置时间过长，也可产生爆炸物质；因包装材料选用不当，容器溢漏或包装瓶破损，使工业毒物外溢，人员中毒；许多化学毒物化学性质不稳定，在储存、运输过程中可遇热分解，发生爆炸，使毒物污染区内人员造成急性中毒；压缩气体的贮槽、贮罐、钢瓶受日光曝晒，使容器内压力剧增，可冲破安全阀，气瓶嘴逸出或发生爆炸，可使下风方向染毒区内的人员中毒；违章检修设备，带料、带压检修，或与带料设备未隔绝，或设备内残余物 料检修时流出与其他化学品反应生成有毒气体，造成检修人员与周围人员中毒。

青少年应该知道的化学知识

4.在存储、搬运、运输和使用化学毒物时，因容器颠破碰撞或摔落容器或包装破损，导致化学毒物泄漏。以及操作人员缺乏安全防毒知识等原因，会造成工人短时间内大量接触化学毒物而引起急性化学物中毒。

5.农业生产中使用的农药，在不注意防知识防护的情况下，不但可以使施药人员发生中毒，而且还可因污染良田、水源等而造成环境公害，使非职业接触者发生中毒。

6.在水、火、风和地震等自然灾害突然袭击下，有毒厂矿企业生产设备、防毒设备等遭受损坏，大量工业化学毒物外溢，也可造成较大范围的环境染毒和人员中毒。

7.生活中因使用化学品不当，及缺乏应用常识而发生的中毒事故。如一氧化碳中毒、硫化氢中毒等。

第七节　绿色植物中的化学知识

绿色，给人以清新、柔和、惬意之感。绿色植物，维系着生态平衡，使万物充满生机。从化学角度看，它还微妙而准确地反映着我们周围环境的特征和变化，供给人类许多有用的信息和物质。

不是么？酸模、常山等绿色植物丛生之地，常会发现地下有铜矿。

地下若有金矿石，上面往往长忍冬，地下有锌矿，上面多长三色堇。兰液树分泌物里，镍含量较高时，它告诉人们：注意，这里可能有镍矿！美国曾靠一种粉红色的紫云英和"疯草++的"提示"，发现了铀矿和硒矿。

许多绿色植物，还起着化学试剂的作用。杜鹃花、铁芸箕共生的地方，土壤一定是酸性的；马桑遍野之地，土壤呈微碱性；，碱茅、马牙头群居处，是盐化草甸土的标志；如果荨麻、接骨木的叶里含有铵盐，预示它们生长的土壤中含氮量丰富…

绿色植物是庞大的"吸碳制氧厂"。植物的绿叶吸取空气中的二氧化碳，在日光和叶绿素的作用下，跟由植物吸收的水分发生反应，形成葡萄糖，同时放出

氧气：

$6CO_2+6H_2O-C_6H_{12}O_6+6O_2$

再由葡萄糖分子形成淀粉：

$nC_6H_{12}O_6-（C_6H_{10}O_5）n+nH_2O$

当淀粉在叶子里受酶的作用时又分解为葡萄糖：

$（C_6H_{10}O_5）n+H_2On-nC_6H_{12}O_6$

葡萄糖随着植物液汁散布到整个植物体内，成为用以合成各种植物生长所必需的物质的原料。一部分植物被动物摄取后，在体内水解并进一步氧化，又将有机物中的碳转化为CO_2，排入大气（或海洋）中。

在"环境污染日益严重"的惊呼声中，绿色植物起着"报警器"的作用。在低浓度、很微量污染的情况下，人是感觉不出来的，而一些植物则会出现受害症状。人们据此来观测与掌握环境污染的程度、范围及污染的类别和毒性强度，进而采取相应的措施和对策，及时提出治理方案，防止污染对人体健康的危害。

如当你发现在潮湿的气候条件下，苔藓枯死；雪松呈暗竭色伤斑，棉花叶片发白；各种植物出现"烟斑病"。请注意，这是SO_2污染的迹象。菖蒲等植物出现浅褐色或红色的明显条斑，是中毒的不祥之兆。假如丁香、垂柳萎靡不振，出现"白斑病"，说明空气中有臭氧污染（实验测得，臭氧浓度超过0.08～0.09ppm时，会使植物出现褐斑，继而变黄，最后褪成白色，叫作植物"白斑病"。臭氧浓度达0.11ppm以上时，则100%植物发病）。要是秋海棠、向日葵突然发出花叶，多半是讨厌的Cl_2在作怪。

绿色植物是空气天然的"净化器"，它可以吸收大气中的CO_2、SO_2、HF、NH_3、Cl_2及汞蒸气等。据统计，全世界一年排放的大气污染物有6亿多吨，其中约有80%降到低空，除部分被雨水淋洗外，大约有60%是依靠植物表面吸收掉，如1公顷柳杉可吸收60千克SO_2。许多植物在它能忍受的浓度下，可以吸收一部分有毒气体。例如，空气中出现SO_2污染，广玉兰、银杏、中国槐、梧桐、樟树、杉、柏树、臭椿纷纷出动来吸收；若发现Cl_2污染，油松、夹作桃、女贞、连翘一起去迎战；发现HF污染，构树、杏树、郁金香、扁豆、棉花，西红柿一马当先吸收之；洋槐、橡树专门对付光化学烟雾。

此外，树木还能吸收土壤中的有害物质。施用农药及用污水、污泥作肥料，会污染土壤继而污染了农作物，如粮食蔬菜内有残留的有机氯会转移到人体内，而树木可吸收土壤中的有机氯，净化土壤。

随着石油等矿物资源的不断枯竭，人们再次把注意力转向可以再生的资源——森林，除利用其薪材外，正加快开发"石油人工林"——直接能代替石油的烃类和油脂类的树种，它生产的液汁甚至不用加工就可以用作汽车的燃料。如诺贝尔奖金获得者美国加利福尼亚大学化学博士卡尔文，在澳洲南部建立了一个"柴油林场"，这种植物生长在半干旱地区，产量很高，价格可与石油竞争。卡尔文还在巴西发现一种可直接用作汽油的含油植物——苦配巴。我国的油楠也是很有希望的"柴油树"，胸径40～50厘米的油楠心材部位就能形成黄色油状树液，一株伐倒后的油楠，可从锯口中流出几十斤油状物。

绿色植物是一个大"化工厂"，不但制造养分把养分储藏在土壤中，而且它本身全是宝。木材经过机械和化学加工，可以产生胶合板、刨花板、纤维板，制成纸浆、人造丝、人造毛。还可以制成多种糖类和甲醇、乙醇、糖醛、活性炭、醋酸等。树木的枝、梢、叶可作饲料、肥料、燃料。有些树木的皮、根、树液还可提炼松香、橡胶、栲胶、松节油等工业原料。

远古有神农尝百草的传说，李时珍编著的《本草纲目》更是驰名中外。直到今天，还有新的中草药不断被发现利用，但草的最广泛的用途还是放牧。单是我国的牧草就有一万五千种以上，牧草含有丰富的蛋白质，一般含量达百分之十几，牛羊等动物，吃进青青的草，产出高蛋白的乳。

葱郁的枝叶，芬芳的果花，无不令人陶然。然而，植物群落中各种族之间又无时无刻不进行着化学战争。植物化学武器的种类很多，几乎都是有机物，酸类有：香草酸、肉桂酸、乙酸、氢氰酸等；生物碱类有：奎宁、丹宁、小檗碱、核酸嘌呤；醌类有：胡桃醌、金霉素、四环素；硫化物有：萜类、甾类、醛、酮、卟啉等等，这些化学武器分布于各类植物中，多集中于植物的根、茎、叶、花、果实及种子中，可随时释放。

植物间的化学战有"空战"、"陆战"、"海战"三类。

空战：植物把大量毒素释放于大气中，形成大气污染使其它植物中毒死亡。加洋槐树皮挥发一种物质能杀死周围杂草，使根株范围内寸草不生；风信子、丁香花都是采用空战治敌的。

陆战：这些植物把毒素通过根尖大量排放于土壤中，对其它植物的根系吸收能力加以抑制。如禾本科牧草高山牛鞭草，根部分泌醛类物质，对豆科植物旋扭山、绿豆生长进行封锁，使之根系生长差，根瘤菌也明显减少。

海战：利用降雨和露水把毒气溶于水中，形成水污染而使对方中毒。如桉树叶的冲洗物，在天然条件下可以使禾本科草类和草本植物丧失战斗力而停止生长；紫云英叶面工的致毒元素—硒，被雨淋人土中，就能毒死与它共同占据一山头的植物异种。

绿色世界中的化学变化是异常复杂多变的，人们对其的认识大部还处在"知其然，不知其所以然"的状态，有待于进一步去研究。

第八节　妙用淘米水

家里淘米的水，可是一宝，千万别轻易的倒掉呀，你看它有很多的用途呢：

洗肉　从市场上购回的猪肉、羊肉或牛肉，在制作菜肴以前，先用淘米的凉水清洗，再用清水冲洗，这样容易去掉粘在肉上的脏物。

洗衣服　脏衣服在淘米水中浸泡10分钟后，再用肥皂洗，用清水漂净。洗出的衣服清洁、干净，特别是白色的衣服，更显得洁白。

洗毛巾　毛巾沾上了水果汁、汗渍等会有异味，并且变硬。把毛巾浸泡在淘米水中蒸煮十几分钟，便会变得又白、白软、又干净。

洗碗碟　淘米水去油污力强，且不含化学物质，用淘米水洗碗碟，胜过洗洁精。

洗脸　把淘米水涂在脸上，按摩20分钟，然后用清水洗净，早晚各一次，这样可使皮肤白嫩滑。

擦漆器　刚油漆好的家具，有一股难闻的油漆味，用软布蘸了淘米水反复擦拭漆器，再用清水擦净，能除油漆味，还能除去污垢。

第九节 如何避免儿童饮食中的化学污染

食品中的化学物质污染 有农药残留、兽药残留、激素、食品添加剂、重金属等。农残、兽残和激素对儿童的危害是肠道菌群的微生态失调、腹泻、过敏、性早熟等。因此，蔬菜、水果的合理清洗、削皮，选择正规厂家的动物性食品原料，不吃过大、催熟的水果等就显得十分重要。

食品添加剂的泛滥 是儿童食品中化学污染的主要问题。街头巷尾的小摊小贩，学校周围的食品摊点，都在出售着没有保障的五颜六色的、香味浓郁的劣质食品。近年来医学界发现的中学生肾功能衰竭、血液病病例，已证实了儿童时期食用过多的劣质小食品的危害。

儿童的铅污染问题 值得关注。与铅有关的食品是松花蛋、爆米花；有关的餐具是：陶瓷类制品、彩釉陶瓷用具及水晶器皿；含铅喷漆或油彩制成的儿童玩具、劣质油画棒、图片是铅暴露的主要途径之一，因此，儿童经常洗手十分必要。另外避免食用内含卡片、玩具的食品。

目前市场上的油炸食品和高蛋白食品，已经给中国的小朋友们带来了许多危害：体重超标，身体虚弱，身体功能器官功能下降。

建议小朋友们尽量不吃或少吃爆米花、炸薯条（片）、肯德炸鸡等食品。另外方便面、饮料要少用。

第十节 什么是绿色奥运

"绿色奥运"是2008年北京奥运会"绿色奥运、人文奥运、科技奥运"的三大主题之一，其内涵是：要用保护环境、保护资源、保护生态平衡的可持续发展思想，指导奥运会的工程建设、采购、物流、住宿、餐饮及大型活动等，尽可能

减少对环境和生态系统的负面影响，改善城市的环境，促进经济、社会和环境的可持续协调发展。要充分利用奥林匹克运动的广泛深远影响，大力开展环境保护的宣传教育活动，呼吁社会各界和广大人民群众关心生态环境质量，积极参与环境保护工作，，提高全民的环境保护意识，选择绿色生活。

北京奥组委执行副主席蒋效愚在新闻发布会上表示：北京将继续努力，改善北京的污染状况，提高大气的空气质量，使北京能够在2008年达到国际空气污染指导值的要求。为此北京开始了"向污染宣战"行动。

1.严格控制污染性气体的排放并充分利用大气自净能力。气象条件不同，大气对污染物的容量不同，排入同样数量的污染物，造成的污染物浓度不同。对于风力大、通风好、对流强的地区和时段，大气扩散稀释能力便强，可接受较多污染物，大气扩散稀释能力弱，便不能接受较多的厂矿企业，否则会造成严重大气污染。为次积极推动了首钢压产搬迁，关停了北京焦化厂、北京有机化工厂，造纸、小印染、小铸造等七个行业。实现了对不同地区、不同时段进行了排放量的有效控制。此外还建成了1.26万公顷的绿化隔离带，建成了15个郊野公园，形成了森林环绕城市的景观，同时也使更多植物吸收大气污染物，减轻大气污染程度。

2.北京奥运会期间，奥林匹克中心区的交通将使用绿色电力，即全部使用高效节能的电动车和氢燃料的环保车，全面实现"零排放"。绿色电力是指用来自可再生能源的电力，如风能、电能、水能、太阳能光伏发电、地热发电、生物质能汽化发电等几种，在生产过程中不需要消耗煤、石油、天然气等不可再生能源，因而不会产生或很少产生对环境有害的排放物。2008年的奥运会，北京将成为我国在太阳能应用方面的最大展示窗口，"北京奥运"将充分体现"环保奥运、节能奥运"的新概念，计划奥运会场馆周围80%至90%的路灯将利用太阳能光伏发电技术；采用全玻璃真空太阳能集热技术，供应奥运会90%的洗浴热水。届时在整个奥运会期间，我们将看到太阳能路灯、太阳能电话，太阳能手机、太阳能无冲洗卫生间等等以一系列太阳能技术的综合应用。届时我们的生活将充满阳光！

青少年应该知道的化学知识

第十一节　食品污染

食品从作物栽培、收获、贮存、加工、运输、销售、烹调直至食用，经过的环节多、周期长，在此过程中有害于人体键康的化学毒物和病菌都有可能污染食品。按污染物的性质分类，食品污染可分两大类：一是生物性污染，即由致病微生物和寄生虫造成的污染；二是化学性污染，指有毒化学物质对食品污染。

第十二节　水的奇遇

在哗哗的雨声中，我从天而降。天上的空气可不太新鲜，我时刻忍受着各种污染带来的痛苦。我"身染重病"，浑身上下又脏又臭。忽然，"啪"的一声，我重重的摔在一座光秃秃的山上，全身都沾满了污泥。在难兄难弟的簇拥下我到中国第一大河——长江。这里就好像到了难民营，一大群黄压压的兄弟们都汇在一块了，都在抱怨人类不注意保护环境。

在江里游荡了两天，我们到了三峡西陵峡口。当我正欣赏着远处葛洲坝的风采时，一股巨大的力量将我吸进一根管子。四周黑黝黝的，叫我一阵害怕。"唧当唧当……"在一阵机器的轰鸣声中，我来到一片厂房。屋里一群学生模样的人正围着一个中年人问话：

"厂长，水厂是用什么来给水消毒的？"一个男孩问。"是用次氯酸钾电解产生的氯气来消毒的。"厂长解释道。

"这些水池是干什么的呢？"那男孩又问。

"这是沉淀池，我们用它把水中的泥沙等物质剔除。"

"……"

哦，原来我到了自来水厂了。那些人员来水厂参观的峡口中学的学生。经过过滤、沉淀、消毒，我浑身变得一干二净——既没有泥沙，也没有臭味。在自来水厂待了好久，我的安逸生活又终结了。工人们把我和一些兄弟用机器压进了铁

管子。啊，我又要回到那肮脏的长江去了。但奇怪的是我没有被送回长江，而是来到了峡口中学。刚见到阳光，我就被一个老师模样的人装进了一个锥形瓶里。

"老师，你接水干嘛？"学生们七嘴八舌的问道。

"给你们做化学实验呗！上了课你就知道了"，说罢便上了楼。

"叮铃铃"上课铃响了。化学老师把我带到了902班教室，还带了一个写着"电源"两字的大铁盒子，以及一些不知名称的仪器。

"下面我将给这瓶子里的水通电，看一看会有什么现象发生"，说罢，将一个插有两根铁钉和一根玻璃导管的塞子塞入瓶口。只见他把连接铁钉的两根导线接在"电源"上，一阵颤栗，我就什么也不知道了，只觉得轻飘飘的。恍惚中，听到同学们你一言我一语的说道："铁钉上有气体生成"，"一根铁钉上生成的气体多，一根铁钉生成的气体少"……

"现在我把导管放到肥皂水里，看有什么现象"，老师继续问道。

"吹起了好多的肥皂泡。"同学们兴奋的答道。

"我们拿火来点它，看有什么现象"。随着一股热流袭来，肥皂泡内瞬间拥有了巨大的能量，"嘭"的一声，力量突破了水泡的束缚——哈！我回来了！

在太阳公公爱抚下，我扶摇直上，耳旁只听见老师在说："水是由氢元素和氧元素组成的……"

啊哈！原来我是由"氢"和"氧"组成的。

第十三节 水体污染对人体的危害

排入水体的污染物种类繁多，分类方法各异。一般可按污染物组成分为无机污染物、有机污染物和农药污染物等。

有毒无机污染物：主要是指汞（Hg）、镉（Cd）、铅（Pb）等重金属和砷（As）的化合物以及氰根离子（CN-）、亚硝酸根离子（NO^{2-}）等；重金属化合物：污染的特点是因其某些化合物的生产与应用的广泛，在局部地区可能出现高浓度污染。另外，重金属污染物一般具有潜在危害性。它们与有机污染物不同，水中的微生物难于使之分解消除（可称为降解作用），经过"虾吃浮游生物，小鱼吃虾，大鱼吃小鱼"的水中食物链被富集，浓度逐级加大。而人正处于食物链的终端，通过食物或饮水，将有毒物摄入人体。若这些有毒物不易排泄，将会在人体内积蓄，引起慢性中毒。在生物体内的某些重金属又可被微生物转化为毒性更大的有机化合物（如无机汞可转化为有机汞）。

例如众所周知的水俣病就是由所食鱼中含有氯化甲基汞引起的，骨痛病则由镉污染引起的。这些震惊世界的公害事件都是工厂排放的污水中含有这些重金属所致。

重金属污染物的毒害不仅与其摄入机体内的数量有关，而且与其存在形态有密切关系，不同形态的同种重金属化合物其毒性可以有很大差异。

如烷基汞的毒性明显大于二价汞离子的无机盐；砷的化合物中三氧化二砷（As_2O_3，砒霜）毒性最大；钡盐中的硫酸钡（$BaSO_4$）因其溶解度小而无毒性；$BaCO4$虽难溶于水，但能溶于胃酸（HCl），所以和氯化钡（$BaCl_2$）一样有毒；有毒有机污染物：主要包括有机氯农药、多氯联苯、多环芳烃、高分子聚合物（塑料、人造纤维、合成橡胶）、染料等类有机化合物。

它们的共同特点是大多数为难降解有机物，或持久性有机物。它们在水中的含量虽不高，但因在水体中残留时间长，有蓄积性，可造成人体慢性中毒、致癌、致畸等生理危害。

第十四节　温室效应

地球大气层中的CO_2和水蒸气等允许部分太阳辐射（短波辐射）透过并到达地面，使地球表面温度升高；同时，大气又能吸收太阳和地球表面发出的长波辐射，仅让很少的一部分热辐射散失到宇宙空间。

由于大气吸收的辐射热量多于散失的，最终导致地球保持相对稳定的气温，这种现象称为温室效应。温室效应是地球上生命赖以生存的必要条件（即保护作用）。但是由于人口激增、人类活动频繁，化石燃料的燃烧量猛增，加上森林

面积因滥砍滥伐而急剧减少，导致了大气中CO_2和各种气体微粒含量不断增加，致使CO_2吸收及反射回地面的长波辐射能增多，引起地球表面气温上升，造成了温室效应加剧，气候变暖。因此CO_2量的增加，被认为是大气污染物对全球气候产生影响的主要原因。但是温室气体并非只有CO_2，还有H_2O，CH_4，氟里昂等。温室效应的加剧导致全球变暖，会对气候、生态环境及人类健康等多方面带来影响。

地球是如何变暖的？

太阳其实是不断向四面八方发出射线，这些射线的波长段是在紫外光到红外线之间。这些太阳射线可以在通过大气层时不太会被空气中的气体所吸收。当这些射线到达地球表面时，它们就会被物体所吸收，转成了热，所以地球表面和海面亦是暖的。这些"热"了的物体亦因它们"热"了，而放射出另一种波长转长的射线（红外线），向四方八面散射出去。

虽然同是射线，但这些红外线却不像那些来自太阳的。它们在经过大气层时，是会被气体如水蒸气，臭氧，二氧化碳和其它的气体所吸收。（这些可以吸收红外线的气体，可统称为"温室气体"）这些气体在吸收了这些红外线并将其转化成热，因而令附近的温度上升。

这些气体一如地面上的物质一样，"热了"亦会散射出红外线。一些会射向外层空间，一些则会反射回地面。

这些温室气体因而好象地球的一张"被"，为地球保温。

我们把由二氧化碳，水蒸气和其它温室气体所造成的暖化效应我们都称这为温室效应。空气中水蒸气的含量比起二氧化碳的含量高出很多（虽然水蒸气在空气中的含量并不如二氧化碳般较为稳定），所以温室效应的暖化效果主要是水蒸气造成的。但是有部分波长的红外线是水蒸气不可吸收的。二碳化碳所吸收的红外线波长刚刚有部份是在这个空隙的。如果二氧化碳的浓度上升，那么多些热就会被保存着，令到地球更加暖化。

虽然水蒸气在大气中向来大体上都有一定的浓度，但二氧化碳的浓度却不然。自从欧洲发生了工业革命，二氧化碳在大气中的含量就开始上升。在工业革命前，大气中二氧化碳的浓度约为280～90ppm，但是在1990年，浓度已上升成大约340ppm。

青少年应该知道的化学知识

地球暖化起来并不只是因为二氧化碳的浓度上升，其它的温室气体的浓度亦是一个因素。我们常在谈论温室效应的时候也谈起二氧化碳，只是因为二氧化碳的影响性为最大（它在大气中的浓度正不断上升）。虽然其它的温室气体在大气中的浓度比二氧化碳低很多，但它们对红线的吸收力，却比二氧化碳好，所以，它们的潜在影响力比较大。

温室效应除了会令地球气温上升外，也可使沿海地区被海水淹没，虽然如此，若没有温室效应的话，地球表面的平均温度，将为−18度，而不是现在的15度。

第十五节　污染室内环境的五大物质

污染室内环境的物质有氡、甲醛、苯、氨、TVOC，也许很多人还不太了解它们，下面我们就对它们做一下简单的介绍，让更多的人认识到它们的危害性，远离它们，保证身体的健康。

1. 氡

氡是一种放射性的惰性气体，无色无味。氡气在水泥、砂石、砖块中形成以后，一部分会释放到空气中，吸入人体后形成照射，破坏细胞结构分子。氡的 α 射线会致癌，WHO认定的19种致癌因素中，氡为其中之一，仅次于吸烟。

氡主要来源于无机建材和地下地质构造的断裂。

2. 甲醛

甲醛（HCHO）是一种无色易溶的刺激性气体，甲醛可经呼吸道吸收，其水溶液"福尔马林"可经消化道吸收。

室内空气中的甲醛来源：

用作室内装饰的胶合板、细木工板、中密度纤维板和刨花板等人造板材中含有甲醛。因为甲醛具有较强的粘合性，还具有加强板材的硬度及防虫、防腐的功能，所以用来合成多种粘合剂如：脲醛树脂，三聚氰甲醛，胺基甲醛树酯，酚醛

树脂。含有甲醛成分并有可能向外界散发的其他各种装饰建筑材料，比如用脲醛泡沫树酯作为隔热材料的预制板、贴墙布、贴墙纸、化纤地毯、泡沫塑料、油漆和涂料等。目前生产人造板使用的胶粘剂以甲醛为主要成分的脲醛树脂，板材中残留的和未参与反应的甲醛会逐渐向周围环境释放，是形成室内空气中甲醛的主体。装修材料及新的组合家具是造成甲醛污染的主要来源。

长期接触低剂量甲醛的危害性：

甲醛具有强烈的致癌和促癌作用。大量文献记载，甲醛对人体健康的影响主要表现在嗅觉异常、刺激、过敏、肺功能异常、肝功能异常和免疫功能异常等方面。其浓度在每立方米空气中达到0.06～0.07mg/m3，儿童就会发生轻微气喘。当室内空气中甲醛含量为0.1mg/m3时，就有异味和不适感；达到0.5mg/m3时，可刺激眼睛，引起流泪；达到0.6mg/m3，可引起咽喉不适或疼痛。浓度更高时，可引起恶心呕吐，咳嗽胸闷，气喘甚至肺水肿；达到30mg/m3时，会产立即致人死亡。

长期接触低剂量甲醛危害更大，可引起慢性呼吸道疾病，引起鼻咽癌、结肠癌、脑癌、月经紊乱、细胞核的基因突变，DNA单链内交连和DNA与蛋白质交连及抑制DNA损伤的修复、妊娠综合症、引起新生儿染色体异常、白血病，引起青少年记忆力和智力下降。在所有接触者中，儿童和孕妇及老人对甲醛尤为敏感，危害也就更大。国际癌症研究所已建议将其作为可疑致癌物对待。

3.苯

苯是一种无色具有特殊芳香气味的液体，沸点为80℃。甲苯、二甲苯属于苯的同系物，都是煤焦没分馏或石油的裂解产物。目前室内装饰中多用甲苯、二甲苯代替纯苯作各种胶、油漆、涂料和防水材料的溶剂或稀释剂。

苯属致癌物质，轻度中毒会造成嗜睡、头痛、头晕、恶心、胸部紧束感等，并可有轻度粘膜刺激症状，重度中毒可出现视物模糊、呼吸浅而快、心律不齐、抽搐和昏迷。

室内空气中苯的来源：

家庭和写字楼里的苯主要来自建筑装饰中使用大量的化工原材料，如涂料，填料及各种有要溶剂等，都含有大量的有机化合物，经装修后发到室内。主要在以下几种装饰材料中较高：

漆、一些低档和假冒的涂料：苯化合物主要从油漆中挥发出来；

天那水、稀料：油漆涂料的添加剂中大量存在；

各种胶粘剂：一些家庭购买的沙发释放出大量的苯，主要原因是生产中使用了含苯高的胶粘剂；

防水材料：原粉加稀料配制成防水涂料，操作后15小时后检测，室内空气中苯含量超过国家允许最高浓度的14.7倍。

苯对人体的危害性：

苯具有易挥发、易燃、蒸气有爆炸性的特点。人在短时间内吸入高浓度甲苯、二甲苯同时，可出现中枢神经系统麻醉作用，轻者有头晕、头痛、恶心、胸闷、乏力、意识模糊，严重者可致昏迷以致呼吸、循环衰竭而死亡。如果长期接触一定浓度的甲苯、二甲苯会引起慢性中毒，可出现头痛、失眠、精神萎靡、记忆力减退等神经衰弱症状。苯化合物已经被世界卫生组织确定为强烈致癌物质。

近日，本报联合杭州多家媒体对杭州装饰市场上自称的无苯油漆进行了一次调查。调查组分别购买了三组号称"无苯"或"全无苯"的油漆，送至国家化学建材质量监督检验中心作有害物质检测，检测结果显示这些油漆全部含苯（包括甲苯和二甲苯）。

人们通常所说的"苯"实际上是一个系列物质，包括"苯"、"甲苯""二甲苯"。苯化合物已经被世界卫生组织确定为强烈致癌物质，苯可以引起白血病和再生障碍性贫血也被医学界公认。人在短时间内吸入高浓度的甲苯或二甲苯，会出现中枢神经麻醉的症状。

国家化学建材质量监督检验中心副主任赵建新告诉记者："苯系列等有害物质造成的室内装修空气污染，近几年来已经成为了社会热点问题。但目前溶剂性油漆还不可能做到无苯，在我们检测中心对油漆的历次检测中，溶剂性油漆基本上都是含苯的。 室内空气中氨的来源：主要来自建筑施工中使用的混凝土外加剂，特别是在冬季施工过程中，在混凝土墙体中加入尿素和氨水为主要原料的混凝土防冻剂，这些含有大量氨类物质的外加剂在墙体中随着温湿度等环境因素的变化而还原成氨气从墙体中缓慢释放出来，造成室内空气中氨的浓度大量增加。

另外，室内空气中的氨也可来自室内装饰材料中的添加剂和增白剂，但是，这种污染释放期比较快，不会在空气中长期大量积存，对人体的危害相应小一

些，但是，也应引起大家的注意。

4.氨

氨是一种无色而具有强烈刺激性臭味的气体，比空气轻（比重为0.5），可感觉最低浓度为5.3ppm。氨是一种碱性物质，它对接触的皮肤组织都有腐蚀和刺激作用。可以吸收皮肤组织中的水分，便组织蛋白变性，并使组织脂肪皂化，破坏细胞膜结构。

氨对人体健康的危害：

长期接触氨部分人可能会出现皮肤色素沉积或手指溃疡等症状；氨被呼入肺后容易通过肺泡进入血液，与血红蛋白结合，破坏运氧功能。

短期内吸入大量氨气后可出现流泪、咽痛、声音嘶哑、咳嗽、痰带血丝、胸闷、呼吸困难，可伴有头晕、头痛、恶心、呕吐、乏力等，严重者可发出肺水肿、成人呼吸窘迫综合证，同时可能发生呼吸道刺激症状。

所以碱性物质对组织的损害比酸性物质深而且严重。

5.TVOC

总挥发性有机物TVOC是由一种或多种碳原子组成，容易在室温和正常大气压下蒸发的化合物的总称，他们是存在于室内环境中的无色气体。

TVOC的来源：

室内环境中的VOCs可能从室外空气中进入，或从建筑材料、清洗剂、化妆品、蜡制品、地毯、家具、激光打印机、影印机、粘合剂以及室内的油漆中散发出来。一旦这些VOCs暂时的或持久的超出正常的背景水平，就会引起室内空气质量问题。

TVOC对人体的危害：

若暴露在含高浓度VOCs工业环境中的会对人体的中枢神经系统、肝脏、肾脏及血液有毒害影响。

敏感的人即使对低浓度的VOCs也会有剧烈的反应。这些反应会在暴露在某一敏感气体或是一系列的敏感气体后产生，随后遇到更低的剂量也可能引发类似的症状，但长期暴露在低浓度中也会引起反应。

研究将暴露的常见的办公大楼中的VOCs和下列SBS症状联系在一起：

眼睛不适：灼热、干燥、异物感、水肿

喉咙不适：喉干

呼吸问题：呼吸短促；哮喘　头痛、贫血、头昏、疲乏、易怒

长期暴露在诸如苯，致癌物等化合物中可能增加致癌的可能。因为目前VOC对人体的毒害及感官影响以及他们的成分的了解有限，所以防止过分暴露在VOC中是十分必要的。

第十六节　消除室内异味的妙招

在日常生活中，人们都希望自己的居室空气清新，可是由于一些原因，室内总会出现一些异味。若不消除，既影响居室空气，又影响人体健康，同时也会给自己产生一种不好的心情。下面几种常见的居室异味消除法，不知您觉得合适？

霉味每年的梅雨季节，屋内都很潮湿，居室内的衣箱，壁橱，抽屉常常会散发霉味，你可往里面放一块肥皂，霉味即除，也可将晒干的茶叶渣装入纱布袋，分发各处，不仅能去除霉味，还能散发出一丝清香。

香烟味现代，不管是男人还是女人，吸烟似乎是一种潮流，室内吸烟，烟雾缭绕，有碍健康，如认识到这个问题，你可用蘸了醋的纱布在室内挥动或点支蜡烛，烟味即除。

厨房异味在厨房中做饭做菜，饭菜的各种味道很浓，你在锅中放少许食醋加热蒸发，厨房异味即可消除。

油漆味新油漆的墙壁或家具有一股浓烈的油漆味，要去除漆味，你只须在室内放两盆冷盐水，一至两天漆味便除，也可将洋葱浸泡盆中，同样有效。

煤油烟味用煤油炉或蜂窝煤做饭，在燃烧过程中，要产生黑色浓烟，若在煤油中或蜂窝煤上加几滴醋，烟味即可减少或消除。

居室异味居室空气污浊，可在灯泡上滴几滴香水或花露水，风油精，遇热后会散发出阵阵清香，沁人心脾。

炖肉异味炖肉时，在锅中加上几橘皮，可除异味或油腻，并增加汤的鲜味。

鱼腥味如炒菜锅里有鱼腥味时，可将锅烧热，放一些用过的温茶叶，鱼腥味就会消失。

豆腐酸味发现豆腐发酸时，可用5%的苏打溶液浸泡半小时，冲净，酸味即除。

室内养花，若用发酵的溶液做肥料，会散发出一种臭味，这时可将新鲜橘皮切碎掺入液肥中一起浇灌，臭味即可消除。

垃圾桶臭味当金属垃圾发出臭味时，可将废报纸点燃后迅速放进去，臭味即除。

卫生间臭味家中卫生间虽然常冲洗，可还是有臭味，可将一盒清凉油或风油精开盖后放于卫生间角落处，既可除臭又可驱蚊。也可放置一小杯香醋，恶臭也会自然消失。

第十七节　有毒化学物质对人体的危害

目前世界上大约有800万种化学物质，其中常用的化学品就有7万多种，每年还有上千种新的化学品问世。在品种繁多的化学品中，有许多系有毒化学物质，在生产、使用、贮存和运输过程中有可能对人体产生危害，甚至危及人的生命，造成巨大灾难性事故。因此，了解和掌握有毒化学物质对人体危害的基本知识，对于加强有毒化学物质的管理，防止其对人体的危害和中毒事故的发生，无论对管理人员还是工人，都是十分必要的。

一、毒物的分类

1.金属为类金属——常见的金属和类金属毒物有铅、汞、锰、镍、铍、砷、磷及其化合物等。

2.刺激性气体——是指对眼和呼吸道粘膜有刺激作用的气体它是化学工业常遇到的有毒气体。刺激性气体的种类甚多，最常见的有氯、氨、氮氧化物、光气、氟化氢、二氧化硫、三氧化硫和硫酸二甲酯等。

3.窒息性气体——是指能造成机体缺氧的有毒气体 窒息性气体可分为单纯窒息性气体、血液窒息性气体和细胞窒息性气体。如氮气、甲烷、乙烷、乙烯、一氧化碳、硝基苯的蒸气、氰化氢、硫化氢等。

4.农药——包括杀虫剂、杀菌剂、杀螨剂、除草剂等农药的使用对保证农作物的增产起着重要作用，但如生产、运输、使用和贮存过程中未采取有效的预防措施，可引起中毒。

5.有机化合物——大多数属有毒有害物质，例如应用广泛的有机芳烃健12妆健二甲苯、二硫化碳、汽油、甲醇、丙酮等，苯的氨基和硝基化合物，如苯胺、硝基苯等。

6.高分子化合物——高分子化合物本身无毒或毒性很小，但在加工和使用过程中，可释放出游离单体对人体产生危害，如酚醛树脂遇热释放出苯酚和甲醛具有刺激作用。某些高分子化合物由于受热、氧化而产生毒性更为强烈的物质，如聚四氟乙烯塑料受高热分解出四氟乙烯、六氟丙烯、八氟异丁烯，吸入后引起化学性肺炎或肺水肿。高分子化合物生产中常用的单体多数对人体有危害。

二、毒物进入人体的途径毒物可经呼吸道、消化道和皮肤进入体内，在工业生产中，毒物主要经呼吸道和皮肤进入体内，亦可经消化道进入

1.呼吸道是工业生产中毒物进入体内的最重要的途径凡是以气体、蒸气、雾、烟、粉尘形式存在的毒物，均可经呼吸道侵入体内。人的肺脏由亿万个肺泡组成，肺泡壁很薄，壁上有丰富的毛细血管，毒物一旦进入肺脏，很快就会通过闻壁进入血液循环而被运送到全身。通过呼吸道吸收最重要的影响因素是其在空气中的浓度，浓度越高，吸收越快。

2.在工业生产中，毒物经皮肤吸收引起中毒亦比较常见脂溶性毒物经表皮吸收后，还需有水溶性，才能进一步扩散和吸收，所以水、脂皆溶的物质（如苯胺）易被皮肤吸收。

3.在工业生产中，毒物经消化道吸收多半是由于个人卫生习惯不良，手沾染的毒物随进食、饮水或吸烟等而进入消化道进入呼吸道的难溶性毒物被清除后，可经由咽部被咽下而进入消化道。

三、毒物在体内的过程

1.毒物被吸收后，随血液循环（部分随淋巴液）分布到全身当在作用点达到一定浓度时，就可发生中毒。毒物在体内各部位分布是不均匀的，同一种毒物在不同的组织和器官分布量有多有少。有些毒物相对集中于某组织或器官中，例如铅、氟主要集中在骨质，苯多分布于骨髓及类脂质。

2.毒物吸收后受到体内生化过程的作用，其化学结构发生一定改变，称之为毒物的生物转化其结果可使毒性降低（解毒作用）或增加（增毒作用）。毒物的生物转化可归结为氧化、还原、水解及结合。经转化形成毒物代谢产物排出体外。

3.毒物在体内可经转化后或不经转化而排出。毒物可经肾、呼吸道及消化道途径排出，其中经肾随尿排出是最主要的途径尿液中毒物浓度与血液中的浓度密切相关，常通过测定尿中毒物及其代谢物，以监测和诊断毒物吸收和中毒。

4.毒物进入体内的总量超过转化和排出总量时，体内的毒物就会逐渐增加，这种现象就称之为毒物的蓄积此时毒物大多相对集中于某些部位，毒物对这些蓄积部位可产生毒作用。毒物在体内的蓄积是发生慢性中毒的基础。

四、对人体的危害有毒物质对人体的危害主要为引起中毒

中毒分为急性、亚急性和慢性。毒物一次短时间内大量进入人体后可引起急性中毒；小量毒物长期进入人体所引起的中毒称为慢性中毒；介于两者之间者，称之为亚急性中毒。接触毒物不同，中毒后的病状不一样，现将中毒后的主要症状分述如下：

（一）呼吸系统 在工业生产中、呼吸道最易接触毒物，特别是刺激性毒物，一旦吸入，轻者引起呼吸姥字，重者发生化学性肺炎或肺水肿。见引起呼吸系统损害的毒物有氯气、氨、二氧化硫、光气、氮氧化物，以及某些酸类、酯类、磷化物等。急性中毒：

1.急性呼吸道炎

刺激性毒物可引起鼻炎、喉炎、声门水肿气管支气管炎等，症状有流涕、喷嚏、咽痛、人、咯痰、胸痛、气急、呼吸困难等。

青少年应该知道的化学知识

2.化学性肺炎

肺脏发生炎症，比急性呼吸道炎更严重。患者有剧咳嗽、咳痰（有时痰中带血丝）、胸闷、胸痛、气急、呼吸困难、发热等。

3.化学性肺水肿

患者肺泡内和肺泡间充满液体，多为大量吸入刺激性气体引起，是最严重的呼吸道病变，抢救不及时可造成死亡。患者有明显的呼吸困难，皮肤、粘膜青紫（紫绀），剧咳，带有大量粉红色沫痰，烦躁不安等。慢性影响：长期接触铬及砷化合物，可引起鼻粘膜糜烂、溃疡甚至发生鼻中隔穿孔。长期低浓度吸入刺激性气体或粉尘，可引起慢性支气管炎，重得可发生肺气肿。某些对呼吸道有致敏性的毒物，如甲苯二异氰酸酯（TDI）、乙二胺等，可引起哮喘。

（二）神经系统 神经系统由中枢神经（包括脑和脊髓）和周围神经（由脑和脊髓发出，分布于全身皮肤、肌肉、内脏等处）组成。有毒物质可损害中枢神经和周围神经。主要侵犯神经系统的毒物称为"亲神经性毒物"。

1.神经衰弱综合症

这是许多毒物慢性中毒的早期表现。患者出现头痛、头晕、乏力、情绪不稳、记忆力减退、睡眠不好、植物神经功能紊乱等。

2.周围神经病

常见引起周围神经病的毒物有铅、铊、砷、正己烷、丙烯酰胺、缺烯等。毒物可侵犯运动神经、感觉神经或混合神经。表现有动障碍，四肢远端手套、袜套样分布的感觉减退或消失，反射减弱，肌肉萎缩等，严重都可出现瘫痪。

3.中毒性脑病

中毒性脑病多是由能引起组织缺氧的毒物和直接对神经系统有选择性毒性的毒物引起。前者如一氧化碳、硫化氢、氰化物、氮气、甲烷等；后者如铅、四乙基铅、汞、猛、二硫化碳等。急性中毒性脑病是急性中毒中最严重的病变之一，常见症状有头痛、头晕、嗜睡、视力模糊、步态蹒跚，甚至烦躁等，严重者可发生脑疝而死亡。慢性中毒性脑病可有痴呆型、精神分裂症型、震颤麻痹型、共济失调型等。

（三）血液系统 在工业生产中，有许多毒物能引起血液系统损害。如：苯、砷、铅等，能引起贫血；苯、巯基乙酸等能引起粒细胞减少症；苯的氨基和硝基化合物（如苯胺、硝基苯）可引起高铁血红蛋白血症，患者突出的表现为皮肤、粘膜青紫；氧化砷可破坏红细胞，引起溶血；苯、三硝基甲苯、砷化合物、四氯化碳等可抑制造血机能，引起血液中红细胞、白细胞和血小板减少，发生再生障性贫血；苯可致白血症已得到公认，其发病率为0.14/1000。

（四）消化系统 有毒物质对消化系统的损害很大。如：汞可致毒性口腔炎，氟可导致"氟斑牙"；汞、砷等毒物，经口侵入可引起出血性胃肠炎；铅中毒，可有腹绞痛；黄磷、砷化合物、四氯化碳、苯胺等物质可致中毒性肝病。

（五）循环系统常见的有：有机溶剂中的苯、有机着药以及某些刺激性气体和窒息性气体对心肌的损害，其表现为心慌、胸闷、心前区不适、心率快等；急性中毒可出现休克；长期接触一氧化碳可促进动脉粥样硬化等等。

（六）泌尿系统 经肾随尿排出是有毒物质排出体外的最重要的途径，加之肾血流量丰富，易受损害。泌尿系统各部位都可能受到有毒物质损害，如慢性铍中毒常伴有尿路结石，杀虫脒中毒可出现出血性膀胱炎等，但常见的还是肾损害。不少生产性毒物对肾有毒性，尤以重金属和卤代烃最为突出。如汞、铅、铊、镉、四氯化碳、六氟丙烯、二氯乙烷、溴甲烷、溴乙烷、碘乙烷等。

骨骼损害长期接触氟可引起氟骨症。

磷中毒可引起下颌改变，严重者发生下颌骨坏死。

长期接触氯乙烯可导致肢端溶骨症，即指骨末端发生骨缺损。

镉中毒可引起骨软化。

眼损害生产性毒物引起的眼损害分为接触性和中毒性两类。接触性眼损害主要是指酸、碱及其它腐蚀性毒物引起的眼灼伤。眼部的化学灼伤救治不及时可造成终生失明。引起中毒性眼病最主要的毒物为甲醇和三硝基甲苯。甲醇急性中毒者的眼部表现模糊、眼球压痛、畏光、视力减退、视野缩小等症状，严重中毒时可导致复视、双目失明。慢性三硝基甲苯中毒的主要临床表现之一为中毒性白内障，即眼晶状体发生混浊，混浊一旦出现，停止接触不会自行消退，晶状体全部混浊时可导致失明。皮肤损害职业性疾病中常见、发病率最高的是职业性皮肤病，其中由化学性因素引起者占多数。

青少年应该知道的化学知识

引起皮肤损害的化学性物质分为：原发性刺激物、致敏物和光敏感物。常见原发性刺激物为酸类、碱类、金属盐、溶剂等；常见皮肤致敏物有金属盐类（如铬盐、镍盐）、合成树脂类、染料、橡胶添加剂等；光敏感物有沥青、焦油、吡啶、蒽、菲等。常见的职业性皮肤病包括接触性皮炎油疹及氯痤疮、皮肤黑变病、皮肤溃疡、角化过度及皲裂等。

化学灼伤化学灼伤是化工生产中的常见急症，是指由化学物质对皮肤、粘膜刺激及化学反应热引起的急性损害。按临床表现分为体表（皮肤）化学灼伤、呼吸道化学灼伤、消化道化学灼伤、眼化学灼伤。常见的致伤物有酸、碱、酚类、黄磷等。某些化学物质在致伤的同时可经皮肤、粘膜吸收引起中毒，如黄磷灼伤、酚灼伤、氯乙酸灼伤，甚至引起死亡。

职业性肿瘤接触职业性致癌性因素而引起的肿瘤，称为职业性肿瘤。国际癌症研究机构（IARC）1994年公布了对人肯定有致癌性的63种物质或环境。致癌物质有苯、铍及其化合物、镉及其化合物、六价铬化合物、镍及其化合物、环氧乙烷、砷及其化合物、α-萘胺、4-氨基联苯、联苯胺、煤焦油沥青、石棉、氯甲醚等；致癌环境有煤的气化、焦炭生产等场所。

我国1987年颁布的职业病名单中规定石棉所致肺癌、间皮瘤，联苯胺所致膀胱癌，苯所致白血病，氯甲醚所致肺癌，砷所致肺癌、皮肤癌，氯乙烯所致肝血管肉瘤，焦炉工人癌和铬酸盐制造工人肺癌为法定的职业性肿瘤。毒物引起的中毒易造成多器官、多系统的损害如常见毒物铅可引起神经系统、消化系统、造血系统及肾脏损害；三硝基甲苯中毒可出现白内障、中毒性肝病、贫血等。现为对中枢神经系统的麻醉，而慢性中毒主要表现为造血系统的损害。

此外，有毒化学物质对机体的危害，尚取决于一系列因素和条件，如毒物本身的特性（化学结构、理化特性），毒物的剂量、浓度和作用时间，毒物的联合作用，个体的感受性等。总之，机体与有毒化学物质之间的相互作用是一个复杂的过程，中毒后的表现千变万化，了解和掌握这些过程和表现，无疑将有助于我们对化学物质中毒的防治。

第十八节　一场酸雨一场祸

正常雨水偏酸性，pH值约为6~7，这是由于大气中的CO_2溶于雨水中，形成部分电离的碳酸。

酸雨通常是指pH小于5.6的降水，是大气污染现象之一。酸雨的形成是一个复杂的大气化学和大气物理过程，主要是由废气中的SOx和NOx造成的。汽油和柴油都有含硫化合物，燃烧时排放出SO_2，金属硫化物矿在冶炼过程也要释放出大量SO_2。这些SO_2通过气相或液相的氧化反应产生硫酸，大气中的烟尘、O_3等都是反应的催化剂，O_3还是氧化剂。燃烧过程产生的NO和空气中的O_2化合为NO_2，NO_2遇水则生成硝酸和亚硝酸酸雨对环境有多方面的危害：使水域和土壤酸化，损害农作物和林木生长，危害渔业生产（pH值小于4.8时，鱼类就会消失）；腐蚀建筑物、工厂设备和文化古迹也危害人类键康。因此酸雨会破坏生态平衡，造成很大经济损失。此外，酸雨可随风飘移而降落到几千里外，导致大范围的公害。因此，酸雨已被公认为全球性的重大环境问题之一。

据最近报载，"八五"期间广东酸雨呈上升趋势，几乎每降两次雨就有一次是酸雨，全省酸雨覆盖率达90%以上。据有关资料表明，广东每年因酸雨导致建筑物腐蚀、森林减少、农作物减产和耕地减少所造成的损失达40亿元，这还未包括水生生态系统的损失以及对人类健康危害所造成的损失。可以说一场酸雨一场祸。

酸雨对人类健康产生影响主要通过三种方式：一是经皮肤沉积而吸收；二是经呼吸道吸入，主要是硫和氮的氧化物引起急性和慢性呼吸道损害，原先就有肺部疾患，特别是年幼的哮喘病人受酸雨影响最为明显；三是来自地球表面微量金属的毒性作用，这是酸雨对人类健康最具重要性的潜在危害。

酸雨沉降于地球表面后是否会造成对人类健康的潜在危害，主要取决于降水区地质因素的缓冲能力。酸雨的危害不仅仅是由于其酸度所致、同时也与从土壤和岩石迁移来的金属有关。这些溶滤出来的金属至少有三种对人类具有危害性。

首先是铅。一般认为人体摄入的铅多数来源子食物、空气和尘埃，往往忽视水作为铅的重要来源，最近埃尔伍德等证明，水在引起血铅浓度升高的作用中比

青少年应该知道的化学知识

大气更为重要。酸雨之所以能增加人类对铅的暴露程度，不只是通过土壤溶滤出铅，而且也由于降低了饮用水的pH值所致。在美国的格拉斯哥市。一个有大量酸雨降落的地区，饮用水pH值为6.3，血铅浓度较高；而用碱对水处理后血铅浓度即明显降低。

其次是汞。人类最常暴露的汞是汞蒸气和甲基汞化合物。酸雨通过对地面水的酸化作用，可促进甲基汞在鱼中的蓄积。至于大气中的汞蒸气，一小部分水溶性汞经雨水或干沉积作用回到地球表面，而酸雨可更有效地移除大气中的汞降至地面。

无机汞在水沉积物的生化循环中发生细菌的甲基化作用。其速率取决于pH值，pH值低，汞的甲基化作用强。在未受工业废水污染的湖水中，已发现鱼肉甲基汞浓度升高与酸性pH值有相关关系。

加拿大魁北克的印第安人中。已发现轻度甲基汞中毒，该地区的工业废水和酸沉降物可能是造成鱼肉汞含量升高的原因。

最后是铝。在酸雨敏感地区，铝的迁移造成了地面水和地下水铝含量升高。关岛的土著居民肌萎缩性硬化症和帕金森氏病发病率高，这被证明是铝引起的。对早老性痴呆病（阿尔茨海默病）也怀疑与铝有关。在这种病人的脑组织中已查出神经元的核心区有铝的积聚。根据最普通的假说，早老性痴呆病是皮质胆碱能神经支配紊乱的一种疾病。有人报告本病病人的大脑胆碱转乙酰酶活性明显降低，而铝被认为对红细胞中的胆碱输送有抑制作用，因而降低了神经组织胆碱转乙酰酶的活性。

酸雨引起的危害这么多，我们一定要注重环境保护，才能很好地保护我们人类自己！

第六章　化学趣闻

第一节　"鬼火"是怎么回事

　　我国清代文学家蒲松龄所写的短篇小说《聊斋志异》里，常常谈到"鬼火"。

　　旧社会里迷信的人，还把"鬼火"添枝加叶地说成是什么阎罗王出现的鬼灯笼。

　　那么，"鬼火"究竟是怎么回事呢？原来人类与动物身体中有很多磷，死后尸体腐烂生成一种叫磷化氢的气体在空气中自燃，这就是旷野上出现的"鬼火"。

　　不管白天还是黑夜，都有磷化氢冒出，只不过白天日光很强，看不见"鬼火"罢了。为什么夏天的夜晚在墓地里常看到"鬼火"，而"鬼火"还会"走

动"呢？夏天的温度高，易达到磷化氢气体着火点而出现"鬼火"，又由于燃烧的磷化氢随风飘动，所以，所见的"鬼火"还会走动。

磷，是德国汉堡的炼金家勃兰德在1669年发现的。按照希腊文的原意，磷就是"鬼火"的意思。

第二节　成语中的化学

汉语成语，就是人们长期以来使用的、约定俗成的，有着特定含义、结构，形式固定的词组或短语。人们通过偶然接触到的化学变化，逐步了解利用，并在此基础上，创造了相当一部分与化学相关的成语而流传至今。

1.百炼成钢

宋代沈括在《梦溪笔谈》中记载："但取粗铁煅之百余火，每煅称之，一煅一轻，至累煅而斤两不减，则纯钢也，虽百炼不耗矣。"这就是"百炼成钢"。

语源：晋·刘琨《重赠卢谌》："何意百炼钢，化为绕指柔。"

现意：比喻人经过多次刻苦的锻炼，非常坚强，或成为优秀的人物。

将烧红的生铁反复在空气中不断锤打，转化为坚硬的钢，其实是对生铁的不断除杂致纯的过程。

据有关出土文物证明我国的炼铁炼钢要比欧洲早一千多年。公元前600年中国已掌握冶铁技术，早期的炼铁是将铁矿石和木炭一层夹一层地放在炼炉中，在650—1000℃和上焙烧利用木炭的不完全燃烧产生的一氧化碳使铁矿石中的氧化铁还原成铁，冷却后，取出铁块。

这种炼铁方法叫块炼铁，用这种方法炼得铁质地疏松，还夹杂着许多杂质，不坚韧，并无多大实用价值。后来经过不断的实践，人们发现把这种铁，加热到一定温度下经这反复锻打，就可把夹杂的氧化物挤出去，此时铁的机械性能就得到了改善。在反复锻打铁块的基础上，古人又得出块炼铁渗碳成钢的经验，这是最早的钢。西汉时，为提高钢的质量，人们又增加了锻炼。

早期的炼铁是将铁矿石和木炭一层夹一层地放在炼炉中，在650～1000℃和

青少年应该知道的化学知识

上焙烧利用木炭的不完全燃烧产生的一氧化碳使铁矿石中的氧化铁还原成铁。由于炼炉中温度偏低，不能使熔点为1535℃的铁熔化，所以到液态的铁。人们等炼铁成功后冷却炼炉，取出铁块，这种炼铁方法叫炼铁。用这种方法炼得铁质地疏松，还夹杂着许多来臬矿石的氧化物和经。在实践中人们发现如果把这种铁，加热到一定温度下经这反复锻打，就可把夹杂的氧化物挤出去，此时铁的机械性能就得到了改善。

在反复锻打铁块的基础上，古人又总结出炼铁渗碳成钢的经验，这种钢地就是最早的钢。它是为改变块炼铁的性能而要用木炭作燃料，加热块炼铁并打，这样少量的碳会从铁的表面渗进去。西汉时，为提高块炼铁渗碳钢的质量，人们增加了锻打的次数，由十次，三十次，五十次增至近百次从而得到所谓的"百炼钢"。由此也产生了"百炼成钢"这一成语，它用来比喻久经锻炼，变得非常坚强，成为优秀人物。打的次数，由十次，三十次，五十次增至近百次从而得到所谓的"百炼钢"。

2.此地无银三百两

语源：民间传说："有人把三百两银子埋在地下，上书'此地无银三百两'，邻居王二偷去，回书'隔壁王二不曾偷'。

现意：比喻要想隐瞒、掩饰，结果反而愈加暴露，弄巧反拙。也作"此地无银"。

银，是一种白色柔软的金属元素，熔点961℃，是导电、导热性能最好的金属，有很好的延展性。银在自然界的储藏量稀少，但比黄金多近四十倍。银的化学稳定性好，不易被氧化，但与空气中的硫化合而变黑。

银一般与铅矿共生，在冶炼铅时，银被还原出来。大约在公元前二千多年，人们就已采用这种"吹灰法"提取银，数千年来，银与金一样，应用价值都不大，除了用作货币、装饰品外，几乎没有其他用途。直到现在，白银才在工业上发掘出大量的用途，如，人们发现银是导电性最好的金属，可以用于计算机、导弹等精密电路上；银的反射性能高，可镀在玻璃上制造镜子及在保温瓶内胆防止热量的散失；银的杀菌性能也很好，是氯化物的十倍，可用于医疗上的收敛及消炎；银的溴化物遇光即分解，具有非常灵敏的感光性，可以用于照相底片及X光片生产，这是银的最大用量的用途。

3.点石成金

语源：刘向《列仙传》："许逊，南昌人。晋初为旌阳令，点石成金，以足逋赋。"

原意：传说中古代方士的一种法术。

现意：比喻把别人不好的文章改为好文章。

黄金在古代时，是作为财富的象征。历代都有一些梦想点石成金的人，如刘安、汉武帝、王莽等等，这些人组织了一大批人才，耗费大量的时间、资金用于炼金术。《史记》记载："而事化丹砂，诸药齐为黄金。"《抱朴子》记载："神丹既成，不但长生，又可以作黄金。"哪些在当时可以称得上为一流的化学家，企图利用当时已经得到的各种化合物，如铜、铅、铁、锡等金属，丹砂、雌黄、硝石、矾石等无机化合物，统称"五金八石"，在炼丹鼎中，通过采用加热、蒸馏、升华等化学过程，使低*的金属点化为黄金，当然，最终除了得到一些锌铜合金，色如金而无金性的"伪金"，几乎一无所获。

秦始皇幻想帝位永在，龙体长存，日思长生药，夜作金银梦。于是各路仙家大炼金丹，他们深居简出于山野之中，过着超脱尘世的神仙般生活。炼丹家以丹砂（硫化汞）、雄黄（硫化砷）等为原料，开炉熔炼。企图制得仙丹，再点石成金，服用仙丹或以金银为皿，均使人永不老死。西文洋人也仿效于暗室或洞穴，单身寡居致力于炼金术。一两千年过去了，死于仙丹不乏其人，点石成金终成泡影。金丹徒劳无功而销声匿迹。中外古代炼金术士毕生从事化学实验，为何中一事无成？乃因其违背科学规律。他们梦想用升华等简单立法改变*金属的性质，把铅、铜、铁、汞变成贵重的金银。殊不知用一般化学立法是不能改变元素的性质的。化学元素是具有相同核电荷数的同种原子的总称，而原子是经学变化中的最小微粒。在化学反应里分子可以分成原子，原子却不能再分。随着科学的发展，今天"点石成金"已经实现。1919处英国卢瑟福用α粒子轰击氮元素使氮变成了氧。1941年科学家用原子加速器把汞变成了黄金—人造黄金镄（一百号元素）。1980处美国科学家又用氖和碳原子高速轰击铋金属靶，得到了针尖大的微量金。金丹术士得知今人之丰功伟绩，在天之灵出会自觉羞愧。

从今天的观点来看，他们哪种经过人工处理，改变物质的性质及结构的思想是具有一定的物质基础的，炼金术所依据的天然物质随着时间的延续，自然朝着

青少年应该知道的化学知识

自我完善的方向转化的"自然进化论",是一种非常革命的思想,现代的化学工业无不是由各种各样千变万化的化学反应构成的,实际上,现代的化学家已经成功通过人工核反应,用快速中子轰击汞原子得到金,实现了古代炼金家数千年来梦寐以求的愿望。

4.甘之如饴

语源:《诗经·大雅·绵》:其所生菜,虽有性苦者,甘如饴也。

原意:象糖一样甜。

现意:比喻心甘情愿去做某种事情。

饴即是麦芽糖,是一种较早得到利用的糖类化合物,通过风干的麦芽或谷物发酵酿造,是最早的生物化学产品。战国时代的《尚书》记载:"稼穑作甘。"甘就是饴糖。制造麦芽糖的工序比较复杂,后来逐步为原料易得,生产简单,质量更高的蔗糖所替代。

糖使一种由碳、氢、氧所组成的碳水化合物,分为单糖、双糖及多糖,不能再水解的为单糖,如葡萄糖;由两个单糖分子缩合而成的为双糖,如蔗糖,"甘之如饴"的饴糖;由多个单糖缩合而成的为多糖。

人体维持生命活动的主要能源来源于糖类化合物氧化产生的热能,糖也是日常生活中不可缺少的调味品。

根据现代生物化学分析表明,糖的甜味与化学作用、电荷吸引及原子间束缚等有关,糖因其独特的甜味,"甘之如饴"就一点不奇怪了。

5.火树银花

语源:唐·苏味道《正月十五夜》:"火树银花合,星桥铁锁开。"

现意:形容节日(特指元宵节)夜晚,烟火绚丽、灯火通明的繁华景象。

火树银花火树就是指焰火,俗称烟花。隋炀帝有诗:"灯树千光照,花焰七枝开。"即指烟花,可见,在我国隋代就有烟花。

古人在发明火药的基础上,制造出了烟花,它是由上下两部分组成,下部装有类似火药的发射药剂,上部装填燃烧剂、助燃剂、发光剂及发色剂,发色剂内含各种金属元素的无机化合物,它们在燃烧时显示各种各样的颜色,化学上称之为艳色反应。例如,锶盐、锂盐发出红光,钠盐发黄光,钡盐显绿光,镁、锌等

金属粉末发出耀眼闪光……等等，各种金属盐及金属粉末混合在一起，施放时就显示出万紫千红的色彩，千姿百态，清脆悦耳，以助节日气氛或日常娱乐。

宋代诗人赵孟频有诗一首生动描述了“火树银花”的景象：

人间巧艺夺天工，炼药燃灯清昼同。
柳絮飞残铺地白，桃花落尽满阶红。
纷纷灿烂如星陨，赫赫喧豗似火攻。
后夜再翻花上锦，不愁零落向东风。

6.灵丹妙药

语源：元·无名氏《玩江亭》二折：“灵丹妙药都不用，吃得是生姜辣蒜大憨葱。”原意：灵验有效的好药。

现意：比喻能解决问题的有效方法。

丹剂起源于先秦时期，至今已有二千多年的历史，当时，人们在采矿和冶金技术的基础上，用各种矿物原料精心烧炼所谓的“灵丹妙药”，以满足统治者及达官贵族长生不老的愿望，由此还产生了我国古代著名的炼丹术。炼丹术对人类科学发明产生过积极的作用及深远的影响，积累了大量的药物、冶金及化学的基础知识，得到了许多自然界不存在的化合物，如汞、砷等各种无机盐，炸药也是在炼丹过程中被发明的。炼丹术为现代化学奠定了理论和物质基础。

晋代的葛洪是我国炼丹制药的鼻祖，著有《抱朴子·金丹篇》《抱朴子·黄丹篇》《抱朴子·仙药篇》三卷，详细记述了升华、蒸馏等化学实验的操作方法，为后人研究化学提供了经验。

古时的丹药无非是一些矿物质，经过高温下化学反应而成的氧化汞、氯化汞等一些无机化合物，外用对疮痈、皮炎等有些疗效，灵丹妙药是如何也谈不上的，另外，炼丹费时费工费力，污染环境，内服丹药后有毒害的作用，甚至致命，随着现代医学及化学的出现，很快就寿终正寝

7.炉火纯青

语源：清·曾朴《孽海花》：“到了现在，可到了炉火纯青的气候，正是兄弟们各显身手的时候。”

原意：指古时候炼丹家炼丹成功时的火候。

现意：比喻学问或技艺的功力达到纯熟、完美的境地。

人们很早就知道从燃烧火焰的颜色变化来观察温度的变化，炉火温度在500℃以下呈暗黑色，升到700℃时，火焰变为紫红色，也就是俗称的"炉火通红"，再上升到800～900℃后，火焰由红变黄，1200℃时，火焰发亮，逐渐变白，继续升到接近3000℃后，呈白热化，相当于灯泡钨丝发亮的温度，如果超过3000℃，火焰由白转蓝，这就是"炉火纯青"了，是燃烧温度的最高阶段。

一般来说，提高温度有利于绝大多数化学反应的加速进行，但是，过分提高温度是一种不经济实用的方法，如今，化学工业上，都是通过采用催化剂技术提高化学反应速率，而非单纯提高反应温度。古代的炼丹家们是不懂得催化剂化学原理的，往往认为火焰达到"炉火纯青"为火候到家，就能炼到长生不老的丹药，实际上，那时的耐火材料是很难达到这样高的使用温度，因此，无论炼丹家如何努力，"炉火纯青"最终只能是一厢情愿。

8.青出于蓝

语源：《荀子·劝学篇》："青，取之于蓝，而青于蓝。"

原意：靛青从蓝草中提炼出来，而颜色比蓝草更深。

现意：比喻学生超过老师或后人超过前人。

"取蓝"是世界上最早的印染化工，商代《诗经·小雅·采绿篇》记载："终朝采蓝，"到了汉代，"取蓝"的规模已经相当发达，《史记·货殖列传》中记载："千亩卮茜，其人与千户侯等。"

"取蓝"的原材料——蓝草是一种木兰属一年生草本植物，叶子在酶的作用下水解为无色的吲哚酚，染在纺织物上，经日晒氧化成了蓝色的靛蓝化合物。这种取蓝技术在中世纪经中亚传入欧洲，影响广泛。1883年，法国化学家Bayer测定出了靛蓝的分子结构，是一种双羰基、双苯环含氮化合物。1897年西德BASF公司首先采用工业合成方法生产靛蓝。

用靛蓝印染纺织品，颜色鲜艳，经久耐磨，至今仍旧大量使用，当代最流行的牛仔裤就是这样染成的，当然，所用的靛蓝已非"青出于蓝"了，而是通过有机合成而得到的。

9.如胶似漆

语源：《史记·鲁仲连邹阳列传》："感于心，合于行，亲于胶漆，昆弟不

能离，岂惑于众口哉？"

原意：如同胶漆粘着一样。

现意：形容相互之间情投意合、亲密无间。多指夫妻感情深厚。也作"如胶如漆"。

早在三千多年前的中国，人们就用动物皮、角、骨来熬制骨胶、牛皮胶等，用来粘合各种物件，这就是最早的化学粘合剂。相传举世闻名的万里长城也是用石灰、糯米糊等混合调配的粘合剂把无数的石块粘接起来而建成的，这种无机——有机混合胶，强度高，防腐，经久不坏。随着高分子材料技术的日新月异，如今的粘合剂几乎可以粘合任何物质，从日常用品到航天飞机，粘合剂都是必不可免的。

生漆是我国的特产，古称"中国漆"，是由天然漆树分泌出来的粘性液体，是最早的化学涂料，《禹贡·夏书》记载：济河的作用"唯兖州……贡漆丝"，可见，生漆与丝绸齐名，同为我国古代的贡品。如今，漆的品种繁多，在建筑、家俱、五金等等都要用到，起到防护及美观的作用。

粘合剂和油漆，使用时都非常注重它们对物件的附着能力，因此，用成语"如胶似漆"比喻人与人之间的亲密关系是最恰当不过了。

10.水乳交融

语源：宋·释普济《五灯会元》卷九："师呵呵大笑：'如水乳合。'"

原意：水和奶汁混合在一起。

现意：比喻关系密切，十分融洽，或结合得十分紧密。也作"乳水交融"。

乳液是一种多相体系，其中至少有一相液滴均匀分散于另一种和它不相混合的液体之中，此种体系皆有一种最低值的稳定度，这个稳定度可因表面活性剂的加入而大大增强。乳液的类型很多，一般分成两大类，一类为水包油型（O/W）型，水为连续相，油为分散相，如牛奶、天然或合成胶乳；另一类为油包水（W/O）型，油为连续相，水为分散相，如黄油、雪花膏等。"水乳交融"当指前一类，这类乳液可用水无限地稀释。

乳液在工农业生产、日用化工等方面有大量的应用，牛奶就是蛋白质、脂肪通过乳酪素为乳化剂分散在水中形成的，是日常生活中常用的营养品。天然胶乳是热带橡胶树分泌出来的聚异戊二稀树脂的水分散液，是一种重要的高分子材料。化学工业上的乳液聚合也是利用乳液形成的原理，如今已成为一种重要高分子合成方法，生产的胶乳可以直接用作涂料及粘合剂，经过凝聚干燥后，又可得到固体树脂或合成橡胶。

11.沙里淘金

金的化学性质特别稳定，很难同其它元素化合，因此它以游离态存在于自然界。在地壳中，由于金的含量很少且非常分散。所以它的价格极其昂贵。在我国的一些江河的沙中常混有少量的小金粒。

要从沙粒中分离出金粒实质上是从混和物中得到纯净物。根据沙和金的比重不同，人们把含有金屑的沙粒在水中荡洗，使其一圈一圈地旋转沙子比较轻轻随水流去，金子重留在底部，这就是常说的淘金。经过淘洗大量的沙子后，可以得到很少很少的金粒。把这些小金粒熔化加工可制成金块、金条等。由此可知，沙中淘金是那么不容易，必须付出巨大的劳动。后来，人们引用"沙里淘金"来比喻从大量的材料中选择精华

第三节　成语中涉及的物质性质

1.水滴石穿

一般认为，"石穿"是由于水滴经过长年累月冲击石面而产生的，孰不知，这里面还拌随化学反应：因为空气中的二氧化碳部分溶在雨水中，使雨水略呈酸性，滴在主要由碳酸钙组成的岩石上，碳酸钙与酸起反应，溶解在水中，经过亿万年的累积，地壳或岩石可演变成奇峰异洞、千姿百态的钟乳石等。

2.沙里淘金

金是一种稀有金属，在地壳中的含量只有5%左右，与沙一起沉积成矿床，通常每吨沙中约含金3～10克。很早，人类都是采用"沙里淘金"的方法开采黄金，即用重力选矿法，利用黄金与沙子的密度差异，用水反复淘洗，沙里淘得的黄金甚少。

3.青出于蓝

"取蓝"是世界上最早的印染化工，"取蓝"的原材料——蓝草是一种木兰属一年生草木植物，叶子在酶的作用下水解为无色的吲哚酚，染在纺织物上，经日晒氧化成了青蓝色的靛蓝化合物。

4.灵丹妙药

丹剂起源于先秦时期，当时，人们用各种矿物原料精心烧炼"灵丹妙药"，以满足贵族长生不老的愿望。古时的丹药是一些矿物质，经过高温下化学反应主要生成氧化汞、氯化汞等一些无机化合物，外用对疮痛、皮炎等有些疗效，"灵、妙"是如何也谈不上的。

5.信口雌黄

雌黄，即三硫化二砷，颜色金黄鲜艳，是一种很早就被发现的重要的含砷化合物；是古代进行书写及绘画的一种原料。

第四节　成语中生活饮食知识

1.争风吃醋

醋是6~10％的乙酸水溶液，故乙酸又称醋酸，醋是烹饪的常用调味品，能丰富食物的色、香、味，而且能刺激胃酸分泌，帮助消化，醒胃防病。因此，"争风"固然不好，但适量"吃醋"对身体有益。

2.甘之如饴

饴就是麦芽糖，是一种使用较早的糖类化合物，它可通过风干的麦芽或谷物发酵酿造得到。人体维持生命活动的主要能源来源于糖类化合物氧化产生的热能，糖也是日常生活中不可缺少的调味品，因其独特的甜味，"甘之如饴"就不奇怪了。

3.水乳交融

牛奶中的蛋白质、脂肪并不溶于水，但通过乳酪素为乳化剂可分散在水中形成乳液。洗洁精、洗发精去污的原理与此相似：让不溶于水的油脂乳化分散到水中——水乳交融而除去

4.涂脂抹粉

实践证明，适当使用脂粉能使人的皮肤光滑、洁白、富有美感。涂脂抹粉所用的胭脂，古时是用红蓝花或苏木，加入牛髓、猪胰素等压制成分块，这就是我国最早的日用化工产品。今天使用各种各样的化妆用品，也仍由颜料、粘合料、香精、色素等构成。

5.饮鸩止渴

"鸩（zhèn）"是指放了砒霜的毒酒，砒霜就是三氧化二砷，是一种剧毒品。砒霜虽毒，但少量服用，可以医治关节炎、梅毒、牙疼等病症，可真是以毒攻毒，另外，砒霜在古代还是一种有效的农药，可以灭绝鼠害，砒霜还可防蛀、防腐。近年来，科学家还发现砒霜对某些癌症有疗效。

6.如胶似漆

三千多年前，人们就用动物皮、角、骨来熬制骨胶、牛皮胶等，用来粘合各种物件，这是最早的化学粘合剂。相传举世闻名的万里长城也是用石灰、糯米糊等混合调配的粘合剂把无数的石块粘接起来而建成的（这种无机—有机混合胶，强度高、防腐、经久不坏）。生漆是我国的特产，是由天然漆树分泌出来的粘性液体，是最早的化学涂料。如胶粘，似漆连，关系自然很亲密。

第五节　成语中有关燃烧的知识

燃烧是生活中常见的一种化学现象，有许多成语中都与燃烧有关：

1.刀耕火耨

古人在播种前放火烧去野草，用余灰肥田。燃烧后的草木灰含钾5～12%、钙5～25%、磷0.5～3.5%，它是一种高效肥料，还可降低土壤酸性，是人类最早使用的化学肥料。

2.火树银花

火树就是指焰火，俗称烟花。它由上下两部分组成，下部装有类似火药的发射药剂，上部装填燃烧剂、助燃剂、发光剂及发色剂，发色剂内含各种金属元素的无机化合物，它们在燃烧时显示各种各样的颜色，化学上称之为焰色反应。

3.炉火纯青

人们很早就知道根据燃烧火焰的颜色判断温度的变化：炉火温度在1200℃时，火焰发亮，逐渐变白；继续升到接近3000℃后，呈白热化；如果超过3000℃，火焰由白转蓝，这就是"炉火纯青"了，它是燃烧时可达到的最高温度。

4.石破天惊

只有火药爆炸才能产生"石破天惊"的效果。火药是我国古代四大发明之一，火药的基本成份为硝石（硝酸钾）、硫磺及木炭，三者按一定的比例混合加热后，发生激烈的化学反应，产生大量的光和热。

5.水火不容

燃烧是一种氧化反应，由燃烧引起的火灾，一般情况下，用水扑救可以取得较好效果，因为水是不会燃烧的液体，可以隔断空气，吸收热量，降低温度，这就是"水火不容"的道理。

6.抱薪求火

（火上浇油、杯水车薪、釜底抽薪）这些讲的都是可燃物与燃烧现象的关系：抱着柴火去救火，肯定适得其反；往火上浇油，只能使火烧得更旺；用一杯水去灭一车柴产生的火焰，是多么微不足道啊；移走柴火，还是釜底抽薪解决问题嘛！

青少年应该知道的化学知识

7.百炼成钢

将烧红的生铁反复在空气中不断锤打，转化为坚硬的钢，其实是对生铁的不断除杂致纯的过程。

第六节　古老的金属明星

在人类最初发现并应用的元素中，金属占了大多数。金属中的领袖自然要属"金"，因为它最早被人发现，也因为它非凡的堂皇。后来，人们把一些相似的材料都归到了它的属下，称作了"金属"。

一般公认有7种金属从蛮荒时代起，就与人类结伴了，它们是金、银、铜、铁、汞、锡、铅。也巧，那时人类最熟悉的星星也是7颗，于是，西方人就将7个古老的金属明星、7颗星星、7个最重要的守护神——对应起来：

金（太阳——希腊和罗马神话中的太阳神阿波罗）、银（月亮——希腊神话中的月神阿尔忒弥斯）、铜（金星——希腊神话中爱与美之神阿芙罗狄蒂）、铁（火星——古罗马神话中的战神马尔斯）、汞（水星——古罗马神话中包罗万象的神雅努斯）、锡（木星——古罗马神话中司雷电风雨之神丘比特）、铅（土星——古罗马神话里的农神沙特思）。

第七节　关于黄金的20个事实

黄金是一种贵金属，价值含量比较高，"真金不怕火炼"、"书中自有黄金屋"等赞美之词无不表达黄金在人们心目中的崇高位置。但鲜为人知的是，黄金还具有药用功能，可用来治疗风湿性关节炎。更可笑的是，在阿兹特克语中，这种贵金属的意思竟是"上帝的大便"！

以下就是你可能不知道的有关黄金的二十件事：

1.黄金也许是史前人类加工过的第一种金属。考古学家在保加利亚发现的黄金饰物的年代可追溯至公元前4000年，所以，黄金出现的年代恰好与石器时代重叠。

2.公元前7世纪，意大利牙医用金丝来装假牙。而早在16世纪，黄金填料就被推荐用于填充蛀洞。

3.在西班牙殖民侵略者1532年登陆秘鲁时，印加帝国已经敛聚了有史以来数量最多的一批黄金。在印加国王阿塔瓦尔帕被西班牙征服者俘获后，他为了保住自己的性命，提出以黄金作为赎金，最终，黄金器物将一个22英尺X18英尺的大房间塞得满满当当。

4.然而，西班牙人并没有信守诺言，阿塔瓦尔帕国王最终还是被杀死了。

5.黄金在阿兹特克语中的写法是teocuitlatl，意思是"上帝的大便"。

6.康拉德·里德1799年在北卡罗来纳州父亲的农场发现了一个17磅重的金块，这是美国发现黄金的最早记录。令人忍俊不禁的是，他们竟然将金块当成了石头，用作挡门的器物，三年后当地一个珠宝商认出那是贵重的黄金。

7.里德的父亲仅以3.5美元（不到真正价值的千分之一）将那块黄金卖给了珠宝商。最终，里德知道了黄金的真正价值（今天可卖到10万美元），开始发掘美国历史上第一个商业金矿。

8.与詹姆斯·邦德在影片《金手指》中所讲述的故事相反，世上绝对没有"皮肤呼吸窒息"这种事。但《金手指》剧组显然不知道：当他们给"邦女郎"雪莉·伊顿全身涂满金粉的时候，他们在她的肚子中留了一小片没涂。

9.黄金的延展性和韧性极强。经铸造，一块1盎司重的黄金可变成百万分之五英寸厚的半透明金块，或能被拉长至50英里长、直径5微米的金丝，相当于一根头发直径的十分之一。

10.这种贵金属还具有难以摧毁的特性，从古至今就有"黄金有价"一说。所以，我们可以对其循环利用。在过去发现的所有黄金中，85%今天依旧在使用。

11.美国阿波罗飞船的登月舱外面包着一层金箔，这样做的目的是保护宇航员免遭辐射。时至今日，宇航员头盔也覆盖着薄薄一层黄金薄膜，用以保护眼睛不会受到强光的刺激。

青少年应该知道的化学知识

12.70余年来，治疗风湿性关节炎的标准方法就是时常注射黄金制成的液体，可起到消炎的作用。医生们至今不清楚黄金消炎作用的原因。

13.将基本金属转变为金子是炼金术士永远孜孜不倦追求的目标，事实上，某种程度前苏联核反应堆也玩着同样的把戏——用辐射将铅核转化成黄金。

14.黄金是一种环保金属，一些公寓大楼窗户均涂有一层黄金，以利于夏日反射阳光，冬天吸收热量。

15.提炼黄金的方式却是一种破坏环境的行为。金矿会将大量氰化物排放至水沟，把氮氧化物和硫氧化物排放到空气中。2000年，罗马尼亚某金矿溢出的氰化物对河流造成严重污染，使使当地250万人无水可喝。

16.澳大利亚研究人员发现了一种奇特的微生物，这种微生物"蚕食"岩石中的痕量黄金，接着将其积聚成大块黄金。矿业公司正寻求使用此类微生物而不是氰化物从矿石中提取黄金，这种采矿方法对环境的破坏性很小。

17.在黄金储备方面，美国全球排名第一。但如果将黄金饰物包括在内，那么印度将抢过第一的宝座——全世界用于装饰的黄金，20%用在了印度纱丽的线中。

18.地球表面蕴含黄金最多的地方在海洋，估计在100亿吨左右。不幸的是，至今没人找到从海洋中提炼黄金的有效方法。

19.与太空中的黄金储量相比，这只是小巫见大巫。1999年，NEAR飞船发回的数据显示，仅仅伊洛斯"爱神"一颗小行星上面，黄金数量就超过地球有史以来开采的黄金数量总和。

20.遗憾的是，我们尚不清楚在太空开采黄金之法。

第八节　化学趣事所引发的思考

第一个故事，发生在1994年，美国某地。

那天，大学里的一座大楼失火了。"呜，呜"消防车闻讯赶来。一件奇怪的事情发生了：消防队想就近从旁边的一座大楼里接取自来水。可是，大楼门口警

卫森严，不许消防队员进去。"火烧眉毛了，还不让我们进去？"消防员着急地问。

"不行。没有国防部的证明，谁都不许进！"警卫板着铁青的面孔说道。烈火熊熊，消防队员心急如焚。他们围着警卫，大声地质问："等国防部的证明送到，大楼早烧光啦！"警卫总算作了点让步："这样吧，你们向本地的×局请示，打个证明。"没办法，消防队员只好开着消防车去×局，开来了证明。消防队员把证明朝警卫手中一塞，便急急忙忙往大楼里奔去。这时，警卫追上来，拦住了他们，很严肃地说道："先生们，你们虽然有了证明，但是按照规定，每个进楼的人要在登记簿上签名。先生们，请你们去签名！"消防队员们哭笑不得，只好退回去签名。虽然这几位警卫那样忠于职守，但却暴露了大楼的秘密。人们纷纷猜疑：那座大楼如此警卫森严，里面是干什么的呢？

要知道，美国国防部为了保守那座大楼的秘密，煞费苦心：有一次，保卫人员仔细检查了大楼内的图书室，发觉许多化学书籍看上去还算新，但是每本书有关元素铀的章节，都被翻得卷起书角或者弄脏了。保卫人员认为，这些书也可能会导致暴露大楼的秘密，决定全部销毁，而又买了一批崭新的化学书籍。他们如此精心保守秘密，却被邻近大楼失火一事而无意中暴露了。于是，德国间谍开始注意这座大楼……不言而喻，那座大楼里的科学家，正在极端秘密地研究着化学元素铀。为什么研究铀要那样严格保密？1945年8月5日，原子弹的爆炸声震动了世界。原子弹里的"主角"，便是铀。正因为这样，那座大楼既成为美国国防部重点保密的部门，也成为德国间谍机构瞩目的地方。

第二个故事，发生在1781年，英国。

那时候，英国有位著名的化学家，叫做普利斯特列。他呀，很喜欢给朋友表演化学魔术。你瞧，当朋友们来到他的实验室里参观时，他便拿出一个空瓶子，给大家看清楚。可是，当他把瓶口移近蜡烛的火焰时，忽然发出"啪"的一声巨响。朋友们吓了一跳，有的甚至吓得钻到桌子下面。普利斯特列得意地哈哈大笑起来。笑罢，他把秘密告诉朋友们：原来，瓶子里事先灌进氢气。氢气和空气中的氧气混合以后，点火，会燃烧起来，发出巨响。他不知将这个"节目"表演了多少遍，使它成了一出"拿手好戏"。有一次，他表演完"拿手好戏"，在收拾瓶子时，注意到瓶壁上有水珠。奇怪，变"魔术"时的瓶子是干干净净的，那

220

青少年应该知道的化学知识

瓶壁上的水珠是从哪儿冒出来的呢？普利斯特列仔细揩干瓶子，重做实验。咦，瓶壁上依旧有水珠。经过反复实验，他终于发现：氢气燃烧后，变成了水，凝聚在瓶壁上！在普利斯特列之前，尽管人们天天喝水、用水，可是并不知道水是什么。自古以来，人们甚至把水当作"元素"。1770年，法国著名化学家拉瓦锡曾试图揭开水的秘密。他把水封闭在容器中加热了100天，水依旧是水，称一下，重量跟100天以前一样。他，弄不清楚水究竟是什么。至于普利斯特列呢？虽然他揭开了水的秘密，然而，他是在变了好多好多次"魔术"之后，才注意到瓶壁上的水珠……

第三个故事，发生在1890年，德国。

一天，雇马车的人突然增多。马车夫问雇主："上哪儿去？"答复令人莫名其妙："随便！""随便？"从来没有一个地名，叫做"随便"的！马车夫好不容易领会了雇主的意思。马车漫无目的地在街上转悠。雇主似乎无心观赏街景，闭起了双眼，进入了梦乡……那些雇主难道有钱无处花，雇了马车睡觉？哦，后来，人们才明白，原来是这么回事——在庆祝德国化学会成立25周年的大会上，著名德国化学家凯库勒，讲述了自己怎样解决了有机化学上的一大难题："那时候，我正住在伦敦，日夜思索着苯的分子结构该是什么样子的。我徒劳地工作了几个月，毫无所获。一天，我坐在马车回家。由于过度的劳累，我在摇摇晃晃的马车上很快就睡着了。我做了一个梦，梦见我几个月来设想过的种种苯的分子结构式，在我的眼前跳舞。忽然，其中有一个分子结构式变成了一条蛇，这蛇首尾相衔，变成一个环。正在这时，我听见马车夫大声地喊道：'先生，克来宾路到了！'我这才从梦乡中惊醒。当天晚上，我在这个梦的启发下，终于画出了首尾相接的环式分子结构，解决了有机化学上的这一难题。"坐在台下的一些听众听了，以为凯库勒的成功，全是因为在马车上做了一个梦。于是，他们便雇了马车，在街上漫游，也想做个梦，轻而易举地摘下科学之果。虽然有的人在马车上睡着了，也做起梦来，可是谁也没有从梦中得到什么。他们不懂得，凯库勒之所以能够成功，是因为他把全部心思用到科学研究上，这样，甚至连他做梦时，也不忘科学研究。凯库勒的成功，与其说是来自马车上的梦，倒不如说是来自那数不清的不眠之夜！

三个故事讲完了。

三个故事，三个意思：

第一个故事，从一个很小的侧面，说明化学何等重要；

第二个故事，说明研究化学一定要非常细心；

第三个故事，说明每一项化学成果都来之不易

第九节　化学寓言二则

一、说谎的酒精

集贸市场里人来人往，热闹异常。

一个摊位上，酒精以透明的亮度、浓郁的香味，以及甜津津的语言，向人们推销自己："纯酒精，百分之百的纯，一点不假，假一罚十！"

火柴来了，它先瞅瞅，后闻闻，再将纸片伸入酒精浸润，然后把纸片点燃，纸片立刻晃着蓝色火苗。

火柴点点头，说："不错"，然后二话没说，买一瓶走了。

白色的无水硫酸铜粉末也来到摊位前，一本正经对酒精说："你说的当真？"

酒精自信地说："决不食言！"

无水硫酸铜粉末说："我的个性是一点水也不沾不得，一沾水就变成蓝色，你来试试吧！"

结果无水硫酸铜粉末一沾酒精，立即变成蓝色，反应化学方程式为 $CuSO_4 + 5H_2O == CuSO_4 \cdot 5H_2O$，实验证明酒精里掺了水。

在真正的行家面前，酒精无言以对，骗人的阴谋破产了。

二、俗名

在碱类碰头会上，主持人点名："火碱"。

氢氧化钠高兴地回答："到！"

在化合物联谊会上，主持人点名："烧碱"

氢氧化钠高兴地回答："到！"

这些会议，氢氧化钾也同样参加了，它看到这种情况，产生了疑问，于是找到氢氧化钠问："氢氧化钠，我问你。人家喊你火碱，你答应，人家喊你烧碱，你也答应，你是不是冒名顶替？"

氢氧化钠答到："你错了！我的化学名叫氢氧化钠，因为我有强烈的腐蚀性，人家又称我为苛性钠，火碱，烧碱，这到是我的俗名，除我之外，还有很多物质有俗名。如氢氯酸的俗名叫盐酸，氢氧化钙的俗名叫熟石灰，氯化钠俗名叫食盐，硫酸铜晶体的俗名叫胆矾，碱式碳酸铜的俗名叫铜绿。

氢氧化钾听罢，也风趣的说："俗名，雅名，能表现事物本质就是好名。"

第十节　荒谬的雨露育就了化学之花

明朝成化年间，山西洪洞县有个富甲一方的王员外，家中白花花的银子多的不可胜数。一日，王员外府上来了一个道士，说是曾在中条山上拜异人为师，学得"炼银成金"之法，因王员外祖上积善有德，命中注定要发财，所以特来献宝。

王员外将信将疑地看他表演。道士取出袖中的一块银子供在桌上，默诵一通，焚化符咒一纸。然后，道士吩咐端来一只烟火正炽的炭盆，将银子投入。几个时辰过去了，炭火慢慢小了下去，又渐渐熄灭。道士扒开灰烬，众人凑上来一看：咦，银子不见了，在灰烬中的是一块金灿灿的金子，银子果然变成金子了！王员外见了大喜，待道士如上宾，吩咐将家中的银子悉数交与道士去变黄金。不料，道士竟将银子全部卷走。王员外给活活气死了，但他至死不解：不是亲眼看到银子变成金子了吗？这又是怎么回事呢？这是道士利用汞搞的把戏。

汞被誉为"金属的溶剂"，因为它容易同金属结合成合金——汞齐。"齐"是古代对合金的称呼。金溶解于汞中形成的金汞齐，看上去银光闪闪，道士便利用它来冒充银子的。道士将表面涂有金汞齐的黄金投进炭盆后，汞受热蒸发，留

明朝成化年间，山西洪洞县有个富甲一方的王员外，家中白花花的银子多的不可胜数。一日，王员外府上来了一个道士，说是曾在中条山上拜异人为师，学得"炼银成金"之法，因王员外祖上积善有德，命中注定要发财，所以特来献宝。

王员外将信将疑地看他表演。道士取出袖中的一块银子供在桌上，默诵一通，焚化符咒一纸。然后，道士吩咐端来一只烟火正炽的炭盆，将银子投入。几个时辰过去了，炭火慢慢小了下去，又渐渐熄灭。道士扒开灰烬，众人凑上来一看：咦，银子不见了，在灰烬中的是一块金灿灿的金子，银子果然变成金子了！王员外见了大喜，待道士如上宾，吩咐将家中的银子悉数交与道士去变黄金。不料，道士竟将银子全部卷走。王员外给活活气死了，但他至死不解：不是亲眼看到银子变成金子了吗？这又是怎么回事呢？这是道士利用汞搞的把戏。

汞被誉为"金属的溶剂"，因为它容易同金属结合成合金——汞齐。"齐"是古代对合金的称呼。金溶解于汞中形成的金汞齐，看上去银光闪闪，道士便利用它来冒充银子的。道士将表面涂有金汞齐的黄金投进炭盆后，汞受热蒸发，留

下来的便是黄澄澄的金子了。

其实，古代的鎏金技术就是用的此法：将金汞齐涂在铜器表面，在经烘烤，汞蒸发后金就留在器物表面上了。

金不怕酸碱，不怕火烧，可居然能溶于汞中，这当然要使古人以神秘的眼光来看待汞了。大约从汉武帝起，汞及其化合物就成看金丹术的首选材料了。

金丹术的目的是荒诞的。不过，历代金丹家在炼金、炼丹的过程中，亲自采集矿物、药物，做了许多实验，积累了许多关于物质和相互作用的宝贵知识，完成了不少化学转变，也在此过程中掌握了一些元素的性质，发现了一些元素。英国科学家李约瑟对中国金丹术在化学史上的地位作了充分肯定，他说："整个化学最主要的根源之一，是地地道道从中国传出去的。"

第十一节　蜡烛的来历

蜡烛起源于原始时代的火把。原始人把脂肪或者蜡一类的东西涂在树皮或木片上，捆扎在一起，做成了照明用的火把。大约在公元前3世纪出现的蜜蜡可能是今日所见蜡烛的雏形。

在西方，有一段时期，寺院中都养蜂，用来自制蜜蜡，这主要是因为天主教认为蜜蜡是处女受胎的象征，所以便把蜜蜡视为纯洁之光，供奉在教堂的祭坛

上。从现存文献看，蜜蜡在我国产生的时间大致与西方相同，日本是在奈良时代（710～784年）从我国传入这种蜡烛的，和现代蜡烛相比，古代蜡烛有许多不足之处。

唐代诗人李商隐有"何当共剪西窗烛"的诗句。诗人为什么要剪烛呢？当时蜡烛烛心是用棉线搓成的，直立在火焰的中心，由于无法烧尽而炭化，所以

必须不时地用剪刀将残留的烛心末端剪掉。这无疑是一件麻烦的事，1820年，法国人强巴歇列发明了三根棉线编成的烛心，使烛心燃烧时自然松开，末端正好翘到火焰外侧，因而可以完全燃烧。但蜡烛还有待进一步完善，它的材料一般是有许多缺点的动物油脂，解决这一难题的是舍未勒尔等人。

1809年6月至7月间，法国科家舍夫勒收到一家纺织厂的来信，请他分析、确定他们寄来的一个软皂样品的成份。他拿着这封信思索了很长时间，心想：要研究肥皂，看来还得从原料油脂入手。在仪器设备非常简单、朴素的学校实验，他研究了皂化过程中需要使用的各种油脂。经过大量实验，他第一次发现了这样的事实：在一切油脂中，不论其来源如何，脂肪酸的含量均占95%，其余的5%则是皂化过程中生成的甘油。通过研究他搞清了皂化过程的本质，同时他还有一项重大的发现：当时用油脂做成的蜡烛，由于里面有甘油，燃烧时火焰带烟，气味难闻。若改用硬脂酸做成蜡烛，燃烧时不仅火焰明亮，而且几乎没有黑烟，不污染空气。

舍夫勒尔把他的发现告诉盖—吕萨克，并建议两人共同研究如何具体解决这个问题。他们用强碱把油脂皂化，再把得到的肥皂用盐酸分解，抽取出硬脂酸。这是一种白色物质，手摸着有油腻感，用它制成的蜡烛质地很软，价钱更加便宜。1825年，舍夫勒尔和盖—吕萨克获得了生产石蜡硬脂蜡烛的专利。石蜡硬脂蜡烛的出现，在人类照明史上开创了一个新时代。后来，有人在北美洲发现了大油田，于是可从石油中提炼出大量的石蜡，较理想的蜡烛因此在全球得到了普及、推广。

第十二节　硫酸给水的情书

亲爱的水：

您好！

请允许我这样叫你，其实这么长时间以来，我一直深爱着你。每当我遇上你，我就有种沸腾的感觉，全身会发出大量的热。当我见不到你时，我甚至会在

空气中寻找你的气息，寻找你的每一丝痕迹，我是多么渴望与你亲密相处。

我有时很暴躁，这是我承认的，但这是我+6价的中心硫原子决定的，我无法改变我的脾气，就像我无法表达我对你的爱一样。

水，我可以对门捷列夫发誓，我会爱你一辈子。虽然别人认为我的脾气不好，他们说我欺负金属，欺负硫化氢还有过氧化钠。其实，这都是硝酸他传开的，难道硝酸不欺负他们吗，天地可以证明，我只从硫中抢两个电子，而硝酸却抢五个，这不是说明他比我更欺负弱小吗？水，你总在我和硝酸之间犹豫，不要再考虑了，我很丑，可是我很温柔。我从来不欺负我的小弟二氧化硫，尽管他比我更弱，但是我像大哥哥对待小弟弟一样对待他，而硝酸呢！你没见过他欺负它的老弟氮化镁吗？

水，我深爱你，就像老鼠爱大米。如果硝酸敢欺负你的话，你就找我，我会与他决斗，来表达我对你的爱！尽管我的氧化性不如他，但是为了你，我还是会与他拼命的！

水，我刻骨铭心的爱着你，永远。我为你可以付出一切，就算为了你，我变成稀硫酸，那我也不会后悔。就算我变为稀硫酸，我对你的心也不会变，因为我是不挥发的，这点我比硝酸强。

水，请你不要逃避，你逃到天涯海角，我也会找到你，就算你逃到有机物中，我也会夺取氢氧重新合成你，因为我爱你！

此致

敬礼

98%的浓硫酸

第十三节　神秘的水妖湖

苏联卡顿山区曾经发现过一个神奇的湖泊。那湖水明亮如镜，四周风光秀

226

青少年应该知道的化学知识

丽，湖面还会不断冒出

微蓝色的蒸气，如临仙境一般。可当地人发现，怎么只见有人去，不见有人归！于是人们传说，湖中人妖怪专门杀害游人。你其中到底是怎么回事？

隔了数年以后，卡顿山区来了一位画家，听人说起水妖湖的故事，他怀着好奇心想，何不去冒险一游，兴许能创作出一幅好画来呢！

数天后，他一大早就出发，到了目的地，登高远望，啊，果然银白色的满面春风映在红色岩石之中，尽管满山寸草不长，呆风景奇丽。画家兴奋极了，立即拿出画板进行绘画。画家全神贯注地一连画了几个小时，初稿刚画好，他突然感到一阵恶心、头晕、呼吸急促，立即意识到可能要发生意外，于是他匆匆拿好了画稿，飞也似地离开了那里。回家后，他生了一场大病，差一点丢掉了性命。以后他常常会回忆起那段可怕的经历，可始终不明白那要致人于死地的湖的奥秘。

有一天，他家来了一位地质学家，在交谈中，他讲起了当年去水妖湖的经历，还拿出画请地质学家欣赏。地质学家看到画面上有一个小湖，周围山上尽是红色的岩石，湖面在阳光下升起微蓝色的蒸气。他好奇地问画家："这是写生画，还是想像画？"画家说完全是根据当时情景画出来的。地质学家若在所思，但一时也无法揭开这个谜。

后来，这位地质学家在用显微镜观察硫化汞矿石时，突然联想到画家的那幅画，他猜想那画中的红石头会不会是硫化汞矿石？银白色的湖水会不会就是硫化汞分解出来的金属汞（水银）呢？蓝色的微光会不会就是汞蒸气的光芒？

为了证明自己的想法，地质学家便带着他的助手和防毒面具对"水妖湖"进行了实地勘查。经过采样分析，他终于揭开了"水妖湖"的奥秘。

原来，在卡顿深山里有一个巨大的硫化汞矿，天长日久，硫化汞已分解成几千吨的金属汞并汇集成所谓的"水妖湖"，游人在湖上莫名其妙地死去，并非是水妖在作怪，而是被水银湖上散发的高浓度的水银蒸气所毒死的。

第十四节　酸雨的黑色幽默

1.泡菜

酸雨酸化了土壤以后，进一步也酸化了地下水。德国、波兰和前捷克交界的黑三角地区（当地先以森林，后以森林被酸雨破坏而著名）的一位家庭主妇，在接待日本客人奉茶时说："我们这个地区只有几口井的井水可供饮用。我们自己也常开玩笑说，只要用井水泡蔬菜，就能够做出很好的泡菜（酯胺菜）来。"

2.染发

酸化的地下水还腐蚀自来水管。瑞典南部马克郡的西里那村，有一户人家三个孩子的头发都从金黄色变成了绿色。这就是使马克郡出名的"绿头发"事件。原因是他们把井中的汲水管由锌管换成了铜管，而pH小于5.6的水对铜有较强的腐蚀性，产生铜绿。所以这户人家的浴室和洗漱台都已被染成铜绿色。这种溶有铜或锌离子的水还能使婴幼儿发生原因不明的腹泻。马克郡的幼儿园发生过的集体"食物中毒"也是这个原因（大约半数的瑞典人都是把地下水作为饮用水源的）。英国的兰克夏，水龙头里曾放出含有因水管腐蚀而造成大量铁锈的浊水。酸雨甚至使输水管道因腐蚀而破裂。1985年圣诞节前4天，英国约克夏直径1米的输水管破裂，备用的也都不能使用，使20万人一度处于断水的恐慌之中。

3.慢车

波兰的托卡维兹因酸雨腐蚀铁轨，火车每小时开不到40公里，而且还显得相当危险。

4.泰姬陵变色

大理石含钙特多，因此最怕酸雨侵蚀。例如，有两座高157米尖塔的著名德国科隆大教堂，石壁表面已腐蚀得凹凸不平，"酸筋"累累。通向人口处的天使和玛丽亚石像剥蚀得已经难以恢复。其中的砂岩（更易腐蚀）石雕近15年间甚至腐蚀掉了10个厘米。已经进入《世界遗产名录》的著名印度泰姬陵，由于大气污染和酸雨的腐蚀，大理石失去光泽，乳白色逐渐泛黄，有的变成了锈色。

228

青少年应该知道的化学知识

5.国子监遭殃

我国北京国子监街孔庙内的"进士题名碑林"（共198块）距今已有700年历史，上面共镑刻了元、明、清三代51624名中第进士的姓名、籍贯和名次，是研究中国古代科举考试制度的珍贵实物资料，已被列为国家级文物重点保护单位。近年来，许多石碑表面因大气污染和酸雨出现了严重腐蚀剥落现象，具有珍贵历史价值的石碑已变得面目皆非。据管理人员介绍，这些石碑主要是最近3年中损坏得比较厉害，所以第198块进士题名碑距今虽只有不到百年的时间，但它的毁损程度也丝毫不亚于其他石碑。实际上，北京其他石质文物，例如，大钟寺的钟刻、故宫汉白玉栏杆和石刻，以及卢沟桥的石狮等，也都不同程度存在着腐蚀或剥落现象。

6.自由女神化妆

酸雨同样也腐蚀金属文物古迹。例如，著名的美国纽约港自由女神像，钢筋混凝土外包的薄铜片因酸雨而变得疏松，一触即掉（而在1932年检查时还是完好的），因此不得不进行大修（已于1986年女神像建立100周年时修复完毕）。意大利威尼斯圣玛丽教堂正面上部阳台上的四匹青铜马曾被拿破仑掠到过巴黎，后来完璧归赵。近来却因酸雨损坏严重无法很好修复，只得移到室内，在原处用复制品代替。世界上类似情况还有许多。荷兰中部尤特莱希特大寺院中，有一套组合音韵钟，是在17世纪铸造的名钟。300年来人们一直十分喜欢听它的声音。可是近30年来钟的音程出了毛病，音色也逐渐变得不洪亮。因为钟是用80%的铜制的，由于敲钟时反复震动铜锈逐渐剥落，酸雨腐蚀已经进入到钟的内部。

7.酸雨袭击南极

令人震惊的是，南极也观测到了酸雨，而且是比较强的酸雨。例如，我国南极长城站1998年4月曾先后8次观测到酸雨，其中最低pH值只有4.45。长城站的铁质房屋和塔台被锈蚀得成层剥落，有的不得不进行更新。为了减缓腐蚀，每年要刷2～3次油漆。

8.洞穿珍贵彩色玻璃

在欧洲，镶有中世纪古老彩色玻璃的教堂等建筑超过10万栋。这些彩色玻璃

弥足珍贵，在第二次世界大战中曾卸下来疏散开，多数安然无恙。可是却和其他古建筑一样，不能躲过酸雨的侵袭。这些彩色玻璃逐渐失去神秘的光泽，变褐，有的甚至完全褪色。仔细观察玻璃表面，有无数细小的洞。酸雨在小洞中继续和钾、钠、钙发生反应（钙是中世纪生产的玻璃中才有的）。例如和钙发生化学反应后生成石膏。酸雨从内部损害了玻璃。

9.书画遭劫

带有酸性的细小粉尘（干沉降）进入室内，在空气相对湿度较大时，开始侵蚀图书馆中的古老藏书。纸张氧化成茶色，纸质变差以至毁损。大英图书馆20～30年代的藏书的皮封面也遭到硫酸侵害，好像浮着红锈似地正在变色。壁画情况也是如此。所幸80年代中后期开始，欧洲治理大气污染加速，所有各种腐蚀和损害的速度又明显缓和下来了。油画腐蚀现象的恐怖症也在收藏家中间扩大开来。白色或透明结晶的粒子，不仅在画的表面，而且在画布的背后，像粉一样的喷出。过一段时间，这些粒子还会深入油彩层，使含化学颜料的油漆全部损坏。而不暴露在空气中的部位则没有这种现象。可见污染大气和干性沉降的危害之大。

10.酸雨冰溜溜

建筑物中出现"酸雨冰溜溜"，又是酸雨危害的一件"新事物"。混凝土因酸雨而溶解，然后在下滴过程中水分蒸发而硫酸钙等固体成分留了下来，形成类似石灰岩溶洞中的"石钟乳"。而下滴到地面上的硫酸钙留下来则形成"石笋"。之所以叫"冰溜溜"，是因为这种"石钟乳"很像冬季中从屋檐上流下来的冷水，在流动过程中逐渐结冰，形成下垂的"冰溜溜"。日本许多城市立交桥下和建筑物中都有这种酸雨冰溜溜。它使建筑物松散不牢固，甚至成为危险建筑物。关于酸雨对建筑物造成的损失，美国联邦环保局1985年曾有一个估计，在17个州共造成的损失高达50亿美元。主要原因是大楼损伤加速，涂料装饰很快剥落和窗框腐蚀此外因旅游减收带来的损失也有20亿美元。